愿你拥有
敢于孤独的勇气

柳白 著

中国水利水电出版社
·北京·

内 容 提 要

本书旨在帮助年轻人正确地认识孤独、理解孤独，让他们直面生活、工作、情感中可能会出现的无助、孤立等状态，并找到享受孤独感的方法。孤独是生命的礼物，不要惧怕它。拥有敢于孤独的勇气，我们的人生将到达新的高度。

图书在版编目（CIP）数据

愿你拥有敢于孤独的勇气 / 柳白著. -- 北京 ：中国水利水电出版社，2020.12（2021.7重印）
ISBN 978-7-5170-9272-8

Ⅰ.①愿… Ⅱ.①柳… Ⅲ.①心理学－通俗读物 Ⅳ.①B84-49

中国版本图书馆CIP数据核字(2020)第255667号

书　　名	愿你拥有敢于孤独的勇气 YUAN NI YONGYOU GANYU GUDU DE YONGQI
作　　者	柳白 著
出版发行	中国水利水电出版社 （北京市海淀区玉渊潭南路1号D座　100038） 网址：www.waterpub.com.cn E-mail：sales@waterpub.com.cn 电话：（010）68367658（营销中心）
经　　售	北京科水图书销售中心（零售） 电话：（010）88383994、63202643、68545874 全国各地新华书店和相关出版物销售网点
排　　版	北京水利万物传媒有限公司
印　　刷	天津旭非印刷有限公司
规　　格	146mm×210mm　32开本　7印张　163千字
版　　次	2020年12月第1版　2021年7月第2次印刷
定　　价	46.00元

凡购买我社图书，如有缺页、倒页、脱页的，本社发行部负责调换
版权所有·侵权必究

Contents
目录

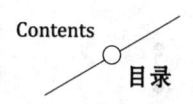

第一章 01

有些时候，
一个人要像一支队伍

你努力合群的样子，真的好孤独 _ 002

你无须伪装成别人喜欢的样子 _ 006

唯有坚持，不负梦想 _ 012

生而为人，对不起 _ 016

跟自己的一生战斗 _ 021

有时候，你也可以独自喝咖啡 _ 026

不是所有人，都是你的筑梦人 _ 031

CONTENTS

第二章 02

用大把时间彷徨，
用几个瞬间成长

苦难不是通行证，悲惨难成挡箭牌 _ 038

用大把时间彷徨，用几个瞬间成长 _ 043

万事万物，来去皆有时间 _ 050

别因小事而动摇 _ 056

不能总向自己的软弱妥协 _ 060

过得去和过不去的，都终将过去 _ 065

只要你跑得够快，孤单就抓不住你 _ 072

趁一切都来得及，去做自己喜欢的事 _ 077

第三章 03

离开任何人，
你都可以精彩过一生

你终会明白，没有谁不可取代 _ 084

错过他，却成就了更好的自己 _ 089

面对这善变的世界，你要从容 _ 097

离开任何人，你都可以精彩过一生 _ 103

你忙吧，不用回我信息了 _ 109

相处不累才最重要 _ 114

若你没诚意，宁愿我们再不相见 _ 119

谢谢你没把我从微信好友里删除 _ 124

CONTENTS

第四章 04

每个孤独的人都值得被看见

愿所有的负担都变成生命的礼物 _ 130

请给我一点"不知道"的余地 _ 135

你的勇气原本价值连城 _ 140

单身的人都在想什么 _ 145

跨过自卑这道虚拟的防线 _ 150

不忘初心,方得始终 _ 155

有时候,应该为爱勇敢一下 _ 161

有生之年,你会不会遇到那个人 _ 167

第五章 05

能安之若素，
才能配得上世间繁华

逐热的被冻死，逐光的多遇黑 _ 176
能安之若素，才配得上世间繁华 _ 181
后半辈子你要追随自己 _ 185
安静地努力一会儿 _ 189
人生没什么不可放下 _ 194
做一个沉默的低头赶路人 _ 200
我只是不想让自己再孤单了 _ 204
愿这世界始终待你温柔如初 _ 209

第一章

有些时候，
一个人
要像一支队伍

你努力合群的样子,真的好孤独

01

一位读者向我倾诉她在人际交往中所遭遇的一些困扰。

她是个外地姑娘,来到北京之后,每天下班后都会一个人去咖啡店,坐在角落的座位上看几页书,然后回家敷个面膜,早早地上床睡个美容觉。那时候的她,一个人逛街,一个人看电影,一个人吃饭,这种平静安然的生活让她感到欣喜。

有一次,同事对她说:"你经常这样独来独往,很容易没朋友的。以后多和我们出去参加联谊会,认识一些不同行业的人,才能更好地立足社会。"

听了同事的建议之后,姑娘毫不犹豫地答应了,想着自己有机会去多认识一些朋友,也不是坏事。

几次聚会下来,姑娘结识了些喜欢喝酒泡吧的朋友。每天晚上兜兜转转于各种夜场，吃完夜宵回到家里已是凌晨三四点了，眯着眼睡上个把小时就要起床洗漱，带着俩黑眼圈去上班。

她坦言自己并不喜欢这种生活，却担心因为自己的拒绝，而与身边仅有的几个朋友疏远了关系，一想到这样的结果她就惴惴不安。

我特别理解这位姑娘的窘境：在意别人的眼光，努力让自己融入群体，好让自己看起来并不孤单，明明不想迎合，却还是强颜欢笑，看起来一点儿都不讨喜。

有句话说得好：孤独从来就不会毁掉一个人；强迫自己融入一个不适合自己的圈子，佯装自己不孤独才会毁掉一个人。

02

几年前，文友H打电话给我，邀我去一个作家前辈和编辑的饭局，去时朋友语重心长地对我说："多认识一些圈子里的人，对你的写作会有所帮助。"

抱着与前辈交流写作心得的目的，我赴约了。饭局上，一桌人都在插科打诨，相互恭维，压根儿就没有讨论到有关写作的事情。

见我的话并不多，H小声示意我要多说些话，让我在前辈们面前表现积极些，争取多发表几篇文章。他说自己当初发表的第一篇文章,就是仰赖在场前辈的关照,说着就毕恭毕敬地给他们都敬了酒。面对此情此景,我只能无奈一笑。

之前,我就一直奇怪他写的文章连基本措辞都成问题,却常见于书报杂志,原来是这么发表的。

后来,他又多次邀我去差不多性质的饭局,都被我婉拒了。

时至今日,我也没有向 H 学习过写作经验,但陆续也在一些杂志上发表了作品,个人公众号上写的文章也时常被别的公众号转载。

其实,与其一味地让自己融入群体,取悦他人,还不如把时间用在提升和打磨自己的专业技能上面,持续地输出作品,让更多的人从自己的文字当中找到共鸣并且喜爱它,这也是我写作的动力。

03

人到底应不应该合群?

我见过很多年轻人打着扩展人脉的旗号,热衷于参加各种社交聚会,逢人就交换名片,又或是互换手机号码、添加对方微信好友。然而,要知道,在你没有获得对方的认可之前,这种在社交场合中积累的人脉,90%以上都不会再有后续联系。你辛辛苦苦积攒的人脉,其实并没有实质意义。

我们活在这个社会上，并不能脱离群体而生存，适当地融入群体，是我们与身边人达成交流、获取信息的一种途径。而在此过程中，也要选择一个适合自己的群体，它带给你的应该是进步与提升，而不是一种身心的损耗。若是在随波逐流与盲目跟风中丢失了原本的自己，最终被同化成平庸之辈，实际上并不明智。

04

很多时候，我们在一些公众场合里，总能看到几个静默的身影。他们含蓄内敛，行为拘谨，习惯沉浸在一个人的世界里，遇上对答，也只是以"哦""是的""对啊"这类简单的语句应付着，在人群之中显得格格不入。

或许他们并不擅长社交，不会自如地说各种假大空的场面话，然而，正是他们身上那股敏感细腻的特质，让他们显得格外与众不同。

捍卫自己真实的模样，不必削足适履般讨好他人，不必用融入群体这种方式来获取存在感，保持独特的气质与内心的丰盈，在别人眼中，反而有着另一种特别的魅力。

愿你初心不改，拥有独立的思想和灵魂，按照自己喜欢的方式生活，而不需要通过努力地合群来证明自己的价值。

你无须伪装成别人喜欢的样子

01

你有没有过这样的感觉——

在酒桌上和你称兄道弟的人,私底下可能只是泛泛之交。

夜深人静睡不着的时候,翻遍所有通讯录,却发现找不到一个人可以倾诉;遇到困难时,找不到一个人鼎力相助。

你明明认识那么多人,却还是感到无比的孤独。孤独的时候,找不到一个可以和自己做伴的人。

深夜总是容易勾起回忆。你回想起童年时光,身边总有许多玩伴。放学以后大家会手牵着手热热闹闹地过马路,然后到某个"秘密基地"疯玩一把,直到全身没有一块干净的地方,累得再也兴奋不起来了的时候,才想回家。

小时候,我们做事全凭自己高兴,不知道考虑后果,想到什么就去做，心里有话就直接说，不懂得什么是委婉，什么是客套。恨不得每件事都顺从自己的心意，从不会在乎别人怎么说。就算有人阻拦，我们也会毫不犹豫地遵循自己的心意。现在想来，那时我们做着最真实的自己，那段岁月也成为我们最惬意的时光。

然而，等我们长大后，特别是进入社会以后，彻底地进入了大人的模式，明白了要想在社会上立足，首先要学会与人交际。

身边的长辈会为我们出谋划策，提供过来人的经验，诸如"你要结交一些对自己的事业有帮助的朋友""不要再像个孩子似的，做事单凭自己喜欢和高兴，要懂得从利益出发""不要将情绪都写在脸上，锻炼自己处变不惊的能力，学会喜怒不形于色""不论你走到哪，遇到什么人，即便是对最贴心的朋友也要有一颗戒备心，因为往往害你的人就是离你最近的人""报复心强的人一定不要得罪，有再大的不满也要往肚子里吞"……

就这样，我们还没来得及与其他人接触，就被长辈上了一课，于是赶忙为自己的心构建起坚硬的堡垒。

渐渐地，我们开始小心翼翼，逢人便笑脸相迎，即使是面对讨厌的人也要逼迫自己装出分外欣赏的样子；陪人吃饭的时候，不管多么不情愿，也要以交际的名义做着十足的表面文章。

因为我们怕极了长辈们说的那些经历会发生在自己身上,怕对方看穿自己心思,怕被朋友背叛和算计,怕一不小心就全盘皆输。所以,我们只好将自己伪装起来,不得不做个别人眼中的"交际王"。

我们以为这样做就可以和别人融洽地相处,就能够拥有很多很多的朋友。到最后却发现,我们依然是一个人。原来,自始至终你都在自己的世界里徘徊,他们的世界是他们的,与你没有任何关系。

每次失望你都忍不住地去想,为了去迎合这个世界,你做了很多努力,学会了内敛,藏起了倔强的脾气,用和善的外表来伪装自己。可是,为什么到头来,还是那么孤独,仍然感觉一无所有?

02

大家表面上说说笑笑,其实各有各的心思,只是在说话办事的时候谁也不想得罪谁而已。每个人都一样,看似与周围人的关系都很好,实际上自己与谁都不亲近。大家明白各自的心思,只是不予戳穿。这样逢场作戏的生活,让你觉得活着太累。

我们的笑不再发自内心,面对朋友,我们再也不像童年时那么直白。在不知不觉中,我们学会了戴着面具去生活。

长时间生活在这样的模式里，会让你觉得人心冷漠，甚至偏激地认为人际交往中只有利益交换，没有真情实感。

有些事你一直想不通：

一个常常与人发生争执、几乎不懂得和平相处的人，在关键时刻，却有人为他挺身而出。

一个十足的吝啬鬼，平时很少请客吃饭的人，遇到困难时，却有人出来鼎力相助。

那个可以狠心拒绝别人的人，在他伤心难过的时候，随意一个电话，就会有人出现在他面前。

你想不通，为什么这样的人竟然比你过得舒服，他们的世界很热闹，而你的世界却是格外冷清。

你放下嫉妒与抱怨，开始观察那些你看不惯却比你过得好的人。你会发现，他们都很真实，他们总是那么直白，对谁都没有防备，喜欢就是喜欢，不喜欢也不会伪装自己去讨好别人。聊到感兴趣的话题会说个不停，如果对话题反感，就三言两语地结束谈话。他们像孩子一样纯真。

而你呢？为了赢得别人的好印象，不惜掩藏真实的自己，小心翼翼地和别人相处，期待成为别人的朋友……大家都是在社会上摸爬滚打，一步步走过来的，每个人想要交什么样的朋友，都有自己的标准。你抱着目的与对方结交，对方可能也把你当成了一个有利可图的人。

试想一下，你愿意与目的性很强的人交往吗？你想让对方只是把你当成一个情绪垃圾桶吗？你能接受对方只有在遇到问题时才会想起你吗？

你希望看到别人最真实的一面，其实别人也是这么想的，谁都想结交真心相待的朋友。

因此，那些把自己最真实的一面展现出来的人，才容易交到最真挚的朋友。

你想走进别人的世界，要先让别人进入你的世界，看到你的真诚，看到你最真实的样子。这样他才会明白，什么时候的你最脆弱，最需要人安慰和陪伴；哪些话题你不喜欢，需要避而不谈。你们彼此迁就，欢快而舒服地相处着。久而久之，你们才会成为彼此最贴心的朋友。

你无须伪装成别人喜欢的样子，更没必要去讨好、迎合。即便是装得了一时，也无法装上一世，你又何苦为难自己，弄得一身疲惫。

你只需做好自己，坚持自己的原则，相信迟早会遇到真心相待的朋友。你们不一定有相同的爱好，但一定有相通的地方；你们不用刻意讨对方欢心，更不用担心因为发脾气而失去彼此；你们分享着彼此的快乐，分担着各自的哀愁，不怕将自己的脆弱暴露在对方面前；你们彼此迁就与包容，你们是朋友，也是兄弟，更是知己。他会懂得你心里所有的想法，会站在不同的角度为你解析难题，让困惑已久的你豁然开朗。

只有摘下面具，坦露真实的自己，才能找到真正懂你的人。

唯有坚持，不负梦想

01

听过一个故事：

古代有两个人想学酿酒，于是就去拜访酒神。酒神将独家秘方传给了他们——取来上好的米和高山之巅的雪水，于端阳节当天，放在紫砂陶罐中，再用初夏第一片被朝阳照射的嫩荷叶封口，九九八十一天后，在鸡叫三遍时启封，便能酿成绝世好酒。

两个人费尽千辛万苦，终于集齐了材料，等待了八十一天，最后的时刻来临了，两个人都非常紧张，竖起耳朵警觉地聆听着窗外的动静。鸡叫了，一声，两声，二人热血沸腾，可第三声鸡叫迟迟也不来，其中一个人再也熬不住了，他颤抖着手揭开荷叶，结果大失所望。只看到一坛子浑浊不堪的污水，喝进嘴里，比黄连还苦。他怒得打倒了酒罐。而另一个人也心急如焚，他好几次把手伸向陶罐口，最后都忍住了没开封。时间漫长得像过了一年，第三声鸡鸣终于传来，他解开封罐的荷叶，酒香四溢，再抿一口，沁人心田，他终于酿出了绝世好酒。

见我不懂的样子，讲故事的人笑了笑："你早晚会懂的。不过，你先要记住这个故事。"

这个人就是住在我楼上的师兄，他曾帮我通过计算机等级考试，从此我们亦师亦友。

一年后，他毕业了，临走时我们聚餐，他就给我讲了这个故事。当时，我对这个故事非常不屑，认为那个酒神就是个腹黑狂，要传授人家酿酒技术就好好传，设置三声鸡叫这个考验干什么？

02

师兄签了一家专门生产化学检验产品的公司，规模不大，但门槛很高，不知道他看中了哪样，反正是义无反顾地去了。

后来的两年里，他的工作并不顺利，公司日渐衰败，甚至某个月只发了1800元的工资。师兄在QQ里苦笑，我有些急了，问他为什么不赶紧跳槽。

他说："据说如果一件事你坚持21天，它就会成为习惯，你就慢慢适应了。在这之前，最难熬的是前三天，也许我恰恰处于黎明前最黑暗的那三天吧。"

失败往往比成功更真实，就像快乐其实不如痛苦那样能让人清醒一样，因为失败更能让人意识到关键的问题所在。

师兄也许是对的吧。但不出我所料，半年以后，他所在的单位倒闭，他失业了。没过多久，他就注册了一个小公司，也做化学检验产品，规模更小，除了他，还有个所谓的合伙人。

有一天，他跑来"厚颜无耻"地向我借钱，急着交房租。我不由得奚落："师兄，您现在混得忒惨了吧？一个堂堂的大老板，还管我借钱交房租？"

师兄笑着说："现在借你的，将来加倍偿还，怎么样？"

我钦佩他的诚意，于是答应了他。

很快，更糟糕的事发生了，合伙人对公司的前途彻底丧失了信心，临走时，把所剩无几的钱也拿走了。师兄却依然笑着说："不错，人各有志，我们不能强求……也许他就是那个选择提前揭开酒罐的人，而我选择继续等待，等到第三声鸡叫，我相信自己一定会等到的。"

"师兄，我发现你这个人最大的优点就是乐观！"

"对啊，你才发现？你要不要入伙呢？跟着乐观的老板有饭吃。"可惜我当时拒绝了。

众叛亲离的时候，师兄没有认怂，他咬着牙坚持着，愣是挺过了艰难时期。

公司接到第一笔大单时，师兄给我打电话激动地说："哥要发财啦！"

"我要分红，我借过你钱，也算是公司的股东呢。"我趁机打劫。

师兄笑得很开心，他的辛苦和等待终于获得了报偿。

后来，他的公司越做越顺利，先前撤资的合伙人追悔莫及，只能每月拿着十分有限的薪水感慨曾经有一个机会摆在他面前，而他却没有珍惜。

其实，这个人和师兄一样，都是学化学出身的，同样具备成功的所有要素，只是，他没有等到第三声鸡鸣，从此过着别样的生活，人生就是这么拉开了距离。

耐不住寂寞，害怕承担等待的风险，最终只会与成功失之交臂。如果说人生是场马拉松，赢家不是跑得最快的，而是跑得最久的。你想实现自己的人生，那就要扛得住现实的重压，既要更坚硬也要更柔韧。

生而为人，对不起

01

一向神龙见首不见尾的L小姐突然约我们一帮闺蜜吃饭，这简直不可思议。要不是她附带发了一句语音"姐妹们，不见不散哦"，我们真怀疑微信群里的那个她被调包了。

吃饭当天，L小姐难得没有化妆，穿了一身休闲款的衣服。我们见到她时，她挽着袖子正在研究手中酒瓶的打开方式。

见我们来了，她没有像往常一样指着手表说"都什么点儿了，按时赴约就这么难吗"，而是宽容可亲地招呼我们赶紧入座。

L小姐现在的态度和表现，对比她以前雷厉风行、不讲情面的作风，真不像是同一个人。

"L，你是不是动了春心，准备恋爱结婚了？"一位闺蜜觉得L小姐太过反常，好奇地问。

L小姐淡淡地说："不是啊，不恋爱就不能请客了吗？"

"一般来说，女孩子开始转性，都是从爱上一个人开始，百炼钢也成绕指柔。"这位闺蜜调侃的话还没说完，头上就挨了L小姐一记爆栗。

"谁说我是恋爱了才转性，姐姐我辞职了，心情好请你们吃饭不行吗？"

这下轮到我们一桌人集体沉默。

L小姐怀揣歌星梦已有五六年，大学毕业时她为了某选秀节目的决赛，连到手的工作都拒绝了，后来被签进一家不算知名的唱片公司，高兴得不得了。自此，她果断跟相恋四年的男友分手了，还跟观念传统希望她找个稳定工作的父母大闹了一场，连自己嗜辣如命的口味也硬生生改成了清淡的"白水菜系"。

每次聊到明星的成长之路，她总是眨着一双星星眼娇笑："快快快，你们想要签名得抓紧啊，等我出名之后可就一字难求了。"

"我一定要当大明星。"L小姐也曾自信满满地如是说。

"我会坚持下去的，不管多辛苦。"这句话是L小姐多年不变的QQ签名。

为了实现明星梦，她每天都忙着赶各种并不扬名的通告，基本没时间跟朋友们联络，被大家慢慢疏远了。

现在，L小姐跟我们再次相聚，大家都对她的经历感叹不已。

"你也舍得？辛苦了那么多年眼看着就要出头了，要是换一家公司岂不是得从头做起？"我问。

她抛给我一个白眼："说舍得真是不可能，我从小到大的明星梦啊。可是没办法嘛，实在不行我就得重拾大学时的专业，做设计去，好歹这些年还攒下点人脉，不算太亏。"

说完这句，她咬牙切齿地讲起辞职前的故事。

"我的老板居然想让我做他的小三，说是给不了我名分，但一定会爱我，让我梦想成真，名利双收。

"他问过我好几次，要不是我最后长了点心眼，把他调戏我的话偷偷录了音，恐怕光是赔解约金就要赔一辈子。

"虽然我不后悔做这个决定，但是心里还是有点鄙视自己。他第一次说的时候，我没有答应，也没有拒绝，而且回家之后还想了想这或许是一条不错的出路，最后实在把自己恶心到不行，才下定决心。你们说，我是不是不知廉耻，居然还真的去考虑这种事的可行性。"

故事讲到这，L小姐落下泪来，哽咽着继续说："申请解约时，我只写了一句话'生而为人，对不起'，还附着一个小小的

U盘，里面是老板调戏我时的录音，老板在签字时脸色难看得像是一块猪肝。"

听了L小姐的故事，大家无不动容。

02

每个人都会面对诱惑，有的人立场坚定，道德分明，能够洁身自好，脱身而出；有的人不具备理想化的抵抗诱惑的能力，会松懈，会动摇，会转过一千一万个念头。

最重要的，并不是选择的当初是否有过犹豫或是动摇，而是选择的结果是否守住了自己的底线和初心。

我无比喜欢L小姐解约申请上的那句话：生而为人，对不起。

这是日本作家太宰治自杀时的遗言，也是电影《被遗弃的松子》中，松子的男朋友卧轨时的心声。比起他们的无奈与凄凉，我更赞叹L姑娘写下这句话时的自信与坚决。

也许你知道，要达到某个目的，可能有一千条、一万条捷径，只要你放弃尊严，放弃心中叫作良心的东西，放弃道德感和责任感。可你是个人，有着做人的底线和坚持，所以你拒绝走捷径。

生而为人，在诱惑面前，需要懂得判断、权衡和放弃；需要克服最原始的自私本能,去考虑并且包容别人的感受;需要被爱,也需要自由;需要归属感,也需要做独一无二的自己。

  生而为人,既然已经如此艰难,那么至少要让自己不要辜负这样的辛苦,不要让自己逐利的本能越过自己的尊严和教养。

跟自己的一生战斗

01

在我二十五岁的时候，当我发现自己曾经制订的各种宏伟而美好的年度、季度、月度计划无一不泡汤时，我终于想通了"与自己握手言和"这种事，并将之奉为人生信条。

上司老梁知晓了我的想法后，狠狠地打击了我："你是为自己这两天偷懒找借口吧。"

他抽着嘴角冷笑，递给我一沓采访稿。

采访稿上是各种各样的新年计划，从路边的清洁工到企业CEO、学生、白领、乞丐、海归……让人目不暇接。

"希望明年能把东边那条路也包了，多挣点钱让娃上个好学校。"这句话出自路边的清洁工。

"希望明年可以跻身班级前三名，让爸妈带我去迪士尼乐园玩儿。"这句话出自初中的学生。

"希望明年能够多抽出一点时间陪伴家人。"这句话出自疯狂工作的经理人。

"希望明年能够瘦十斤，早日找到男朋友。"这句话出自穿着齐膝短裙的年轻白领。

"希望宝宝能健健康康地长大，我学会打理家务，做个贤内助和好妈妈。"这句话出自刚刚辞职照顾家人的全职太太。

这些林林总总的愿望，朴素到没有一点虚饰和煽情。也许正是因为面对着陌生人的采访，他们不用不自量力地炫耀自己的上进心，而是能够大胆说出自己最真实的愿望，而且不用担心落空之后的尴尬和自责。

说来奇怪的是，很多人明明对当下的生活还算满意，却常常说类似这样的话："我就喜欢自己现在这样不思进取、心安理得的样子，活得像猪一样自在就可以了。"可是，在几百份随机采访中，却没有一个人表达过"我现在这样就很好，其他一切都不想要"。

忽然想起来早些年上学的时候，有些学习好的同学明明会熬夜做题，到了学校却还装作一脸轻松地说"昨天打游戏打得太晚了"。而那些不够聪明又没有自制力的人就会相信他们的话，然后在自己因为贪玩拉下了成绩被批评时愤愤不平："人家某某不是也玩了吗？"

是的，人家也如何如何了，但那只是表象。如果你不懂得生活的真相，那么你将永远在迷茫中徘徊不前。

我们渴望爱，渴望健康，渴望自由，渴望被尊重，渴望被信任，渴望被依赖，渴望自己过上或者是让我们所爱的人过上理想的生活。

我们渴望那么多细碎的美好，渴望自己有力量将这样的美好保持得久一点，再久一点。

在怀揣渴望的时光中，不过是有野心、有才华的自己跟没激情、没能力的自己进行的一场无休止的持久战，累到极致或是绝望到极致才会休战，用"就这样吧，我已经很满足了"这种话自我安慰。

02

每个人的一生都是跟自己的一场战役。接受自己并不意味着不会痛苦，并不意味着你没有选择的余地，真正的接受是让痛苦变得更加清晰，然后痛定思痛，让自己变成更好的人。

在接受自己的过程中，我们一点点改变着：寒冷冬日从被窝里爬起来跑步，晨光熹微的时候挤公交车上班，在仿佛复制、粘贴出来的标准工位上拼命干活，强压心头火硬挤出笑容面对客户，穿梭于各个城市谈业务，提前下班为家人做上一顿可口的饭菜，夜晚睡觉前亲吻孩子的脸……

就是因为知道自己是谁，接受了自己是谁，好的坏的全都知道，又没有办法像蛇蜕皮一样，一下子让自己脱胎换骨变成无所不能的完美的人，才会有纠结、不甘和迷茫，才会有无数次被绊倒又站起来，直到找到属于自己的那条不那么平坦却自有其终点的路。

或许有人会在你走到一半正疲惫不堪的时候跳出来说："这样的生活不适合你，你只要做自己就好。人这一辈子最终还不就是活个开心。"

可是，"我并不适合这样的生活"这种话只有尝试过的人才有资格说，不管最终的选择是香车宝马还是布衣荆钗，只有体验过才能做出判断。而大多数人并没有做出这个判断的能力和资格，他们望着看似遥不可及的终点叹口气说"我不适合"，然后看着路边丛生的荆棘安慰自己前路险恶，还是在平坦的路上原地踏步吧。

如果不能跟自己一路作战，如何走向最后的终点，那曾经是你想要的，即使抵达之后只看上一眼，也好过一路道听途说，任由你的渴望凋谢在别人的经历中，那多不划算。

或许还会有人跳出来告诉你："人的一生是为自己而活，所有的努力都不过是让自己接受自己的样子罢了,只要达到这个境界就算万事大吉。"

　　要是相信的话,那你就只为自己而活吧,反正你也配不上别人的期望。

有时候，你也可以独自喝咖啡

01

许多年前，我试着给一个编辑写稿，稿子的题目我早已忘记，但其中有一句话我记得很清楚："忽然好想毕业，那样就不用徘徊在星巴克外，为三十元钱思来想去，而是能够时不时站在柜台前，习惯性地点一杯拿铁。"

之所以印象深刻，是在这之后编辑的回复里出现了这样一句话，她说："不过是一杯三十元钱的咖啡，毕业前也完全可以想买就买啊，你这样写会不会太寒酸了？"

我以为自己会生气，甚至会暴跳如雷。可最终我还是和往常一样说了一声"谢谢"，然后在电脑前呆坐了二十分钟。

对于一个刚开始练习写作的人来说，被退稿是一件多么正常的事。我感到难过并不是因为被编辑退稿，而是为了那一句"我能在毕业前随心所欲地喝咖啡，你怎么不可以"。

这就好比在一段你来我往的关系中，你忽然觉得被对方从天台俯视了。你在仰望的时候，他说："你上来啊！"你走得满头大汗，甚至快要虚脱时，才终于到达天台，你想和他喝一杯咖啡，他却告诉你："对不起，我已经喝完了，我要做更有趣的事去了。"然后他留你一个人在那里喝他曾经唾手可得的咖啡，虽然在此刻，你觉得咖啡的味道也不过尔尔。

那次经历令我清晰地看到了自己与别人之间的差距。

生活在一座三线城市，家境中等，整天围着省吃俭用的父母，从小到大一周的生活费最多是二十块钱，哪怕到上大学，口袋里也没有足够的钱可供我挥霍。不是父母不同意，是我的家境并没有达到可以让我随意挥霍的标准，而我也希望自己的财务支出是自己所得，并不是因为其他。

02

收到S喜讯的那一天，我特别高兴。她跑来对我说，自己找到了一份好工作，顺便把男朋友这个千年难题也解决了。这件事我永远记得。

S比我小两岁，柳眉、细腰，是典型的江南女子。我和她很多年前就认识了。我们成为好朋友,是因为她知道我与她一样,也曾有过一段恐怖而密集的相亲岁月。

前两年,她的噩梦来自于家里安排的相亲。不断被安排相亲,让她开始怀疑自己存在的价值。那些相亲对象一开始见面都是愉快的,但一听说她是临时工,有些人就立刻拉下脸,显示出一副上当受骗的样子。最让她感到郁闷的一次是,那个男人落座后,直接问:"我为什么在你们单位的名单里找不到你的姓名?"S一时无言以对,只说了一句:"我是合同工。"那个男人说了一句:"那没事了,我走了。"然后立刻拎包走人。

忘了说,S现在的男朋友是一直在追求她的初中同学。这个男生长得普通,可家境很好,S一直不肯接受他的原因是她内心一直很抵触跟老熟人谈恋爱。她后来对我说,见过许多人之后,才知道自己真正需要的是什么。他们有他们的选择,而我也该有自己的生活。

我无意于评价S的选择是对还是错,当然,也并不是在讨论他是否是她的最优选择。但S对我说过的一句话我却一直记得:现在,我可以坦然接受许多事,就是因为在那段时间我已经把这一生能够收到的白眼都收过了。

这些年,我好像也很少再有什么脾气了,并且真的越来越少。前些日子,我遇见了一个老同学。我远远地保持微笑,这是我多年练就的模样。我能看出那个老同学已经认出了我，因为，我从她的眼神中，看到一种遇见熟人时的目光。但她并没有和我说话，只是斜了我一眼，就走了过去。旁边的闺蜜看出了我的尴尬，使劲地握了握我的手。我说，没事，我只是保持了自己习惯的表情，而她的回应也是本性使然。

其实，我这样的反应并不是因为我的成熟和内心的麻木不堪，只是我开始悦纳遇到的每一件事，感觉一切都是最好的安排，即使是不好的事，那也是对未来的铺垫。这些都终将过去，而我也一定会把经历变成经验。在淡定从容的日子里，我习惯了一个人喝咖啡，甜的时候放盐，苦的时候加糖，淡的时候冲奶，浓的时候倒水，一边喝，一边慢慢体会。在人生的旅途中，所有的一切都会照亮你前行的路。所以，不必彷徨。

03

关于人生之旅，前人的至理名言像一路开过的车刻意留下的记号，告诉你他一路上的心得体会和选择。但许多路，你只有自己走过，才知道脚下的那一条最踏实，并不是随便一个天花乱坠的描述就可以让你放弃的；你遇见那些人的感觉，也不是任何一个形容词可以精确概括的。

若干年后，你会发现身上无意间被刻上的印记，就像是随手可以翻看的病历卡，遇到什么问题，该怎么解决，你都清清楚楚。

  回头说说当初的那个编辑，她已经辞职并嫁到国外了，再联系她的时候，她依旧表示友好。对她我还是心怀感恩的，毕竟是她，让我不再纠结于要跟人保持一种必须对等的关系，而是能接受彼此可以处在两个不同的世界里的事实，然后各取所需地去生活。

  生命中我们会遇到许多事，不要总是背到身上，要学会"卸载"。不是因为"腻"了，而是真的需要轻装上阵。有时候你的百折不挠，并不会让事情有任何改变。就像坐在咖啡馆，除去搭讪、歇脚这样的情况之外，两个心猿意马的人，不可能一边喝咖啡一边对谈一整个下午。

不是所有人,都是你的筑梦人

01

三年前,人们刚开始玩众筹,有朋友给我发了一个链接,说想众筹出版一本书,让我资助她五十元钱。我不假思索地支付了,还说了一句:"加油"。

她想当一个作家,这个梦想我是知道的。她已经自费出了两本书,这是她的第三本了。

当然,这样的举手之劳我是愿意的。

半年后,她兴冲冲地拿着三本书来到我家。给她开门时,我还藏有私心地想着:"当初我支援她五十元钱,现在她送我三本书,于我而言似乎有些不好意思,到时问问价格,买一本。"

我可能真的不够义气,只想着买一本。但对待朋友,我一直是保持理性而有爱,绝不感性而盲目。何况我有自己选择书的标准，她的书不在我的阅读兴趣里，买一本只能算是支持。

她很聪明，说话拐弯抹角，说了很久也没有说到书里的内容。我看着那个花里胡哨的书名，感觉应该不是我喜欢的。她与我说的多半是出书时的辛苦，中间改了十多遍稿，常常失眠，然后她说，周围的朋友在她出书之后，都是十本二十本地买她的书，送同学、送同事、送学生。

说到这里，我基本就知道她的意思了：关系深不深，就看你买我多少本书了。

那书我翻了五页就读不下去了，我咬着牙才又买了三本。

几天以后，一个闺蜜打来电话，说也被她上门推销新书了。她知道我的这位闺蜜是开公司的，一下带去了五十本。

我问："你买了吗？"

闺蜜心直口快："我知道你肯定买了，但我没买。她想当作家，也不能全仰赖朋友们买她的书啊，应该让市场去检验，让读者去检验。她的梦她可以随便做，我的钱我也可以自主支配。"

几乎是一语被点醒，我挂了电话，沉默良久。

02

每一个人都有梦想，一旦天时地利人和，那些梦想就会燃烧起来，从心底燃烧到全身，让你热血沸腾。不管你信不信，梦想与现实是有距离的，这种距离叫作路。有些梦想有路，有些梦想没有；有些梦想可以筑路，有些梦想无路可走。

而你，是那个孤独的筑路人，也是那个孤独的行路者。

我之所以说孤独，是因为我始终认可"内因是事物发展的根据"这条定论。排除一切不可抗拒的因素，外因永远只是条件。就好比你站在十字街头，想要去往你选择的方向，东南西北是你决定的，至于你是坐公交车、出租车，骑自行车还是步行，你有许多种选择，但方向是你决定的，没有任何人可以帮你改变。

换言之，不是每个人都必须为你的梦想撒把钱、助点力，为你喊一声加油。梦想是你的，与别人没有任何关系。

03

不知道在你身边有没有这样的朋友，突然有一天找到你，加了你的微信、加了你的QQ，然后开始不厌其烦地让你为她代发微商广告，成为她的代理，或者直接购买她的产品。关于效果和成分，她可以说得天花乱坠，可是你让她解释每种成分到底有什么作用，她根本说不全，最后还来一句："我觉得你是我的朋友，所以你该支持我的梦想。"

在我的微信朋友圈里，做微商的人很多。他们每天早中晚都会在朋友圈里发产品广告，规规矩矩，但从不特意推送到我的手机里。我是接受这种方式的，这是他们维持生计的办法，所以，迄今为止，我从未把他们拉黑。

在被我拉黑的人里，有一个是我中学时隔壁班的同学。她来加我的微信，我挺意外的，不过还是通过了。

第一天，她发了一条面膜广告给我，我报以微笑。

第二天，她又发了一条，我报以微笑。

第三天，她还在发，我仍然报以微笑。

那段时间，她每天都用各种订单截图、各种打款记录、各种手袋晒着自己的生意有多么红火。后来我才知道，原来这种图也是可以用软件修改的。

这样循环往复地给我发了大约一星期之后，她说："我创业了，这是我现在在做的产品，作为朋友，你该支持一下我的梦想吧。"

接下来，这句话又成了我每天微信都收到的内容。时间又持续了一周。

后来她终于对我说："五百元两盒面膜，你又能保养，又能支持朋友，不是一举两得吗？"

"你告诉我，这面膜有什么功能？"

"美白、保湿，用过以后脸就跟鸡蛋剥了壳一样。"

"我跟你视频一下，想看看你用过的效果哈。"

她显然没有料到，因此没有给我回复，我猜想她一定一时间不知道如何是好了。

两个月后，我有一个朋友跟我说："她在某个群里怒骂了你。但你不是第一个被骂的人，不买她产品的都会被她骂。"

我说："由着她，她有骂我的自由，我有不买的权利。不是每个人都有义务支持她的梦想。"

04

写到这里，我不排除有些人会否定我的观点。

可在生活中，我一直觉得善良有度、关爱有度才是一个对人对己都有利的原则。一个人如果没有显赫的家境，他自然也就没有"散财"的习惯。有一点钱，会很珍惜，时常要考虑怎么用，从不敢随意挥霍。至于支持别人的梦想，也只能尽力而为。

在《中国新歌声》这档节目中，有位导师习惯问参赛选手"你有什么梦想"。这句话激励了不少正走在路上的追梦人。他们始终记得自己的梦想，他们获得导师认同的"转身"，都是自己一字一句唱出来的。

生活中也一样。你是他们需要的，有人便愿意为你培土；

你是他们放弃的，这一路便没有人与你同行。

　　人来人往，万家灯火，你总要找到那条能够让自己回家的路。如果等别人来救援，你根本不知道别人会带你到哪里。

　　未来路远，夜黑风高，愿你为自己筑一条坚实的路，哪怕一个人，也能让步履铿锵有力。

第二章

用大把时间彷徨，用几个瞬间成长

苦难不是通行证，悲惨难成挡箭牌

01

前段时间跟合作公司的一个姑娘一起做活动，一路上她都是一副泫然欲泣的样子，时不时偷看我几眼，仿佛在说："咦，你怎么不问我关于这次活动的事呢？"碍于我正戴着耳机听歌，她终究没好意思开口。

到了活动场地，我随口问她："刚刚出发的时候，司机把展板都拿下来了吗？"

她立马摆出一脸惊慌状："哎呀，我没注意，我现在就给司机打个电话。"

这之后，在场人员偶尔会问她一些问题，比如，"黑色签字笔够不够五十支""你预定的场地到底是到几点"。

她每次听到问话，总是像一只被惊吓到的小兔子一样，惶惶地问一遍"什么",而后会更加惶惶地给公司打电话,嘱咐后面来的人帮她处理一下。

　　第一批到活动现场的人,被她粗枝大叶的作风搞得心神不安,索性不再向她问责,直接给她公司打电话确认,这才及时布置好了会场。

　　她在场内游魂似地走了一圈,看大家都不搭理她,就走到我身边,怯怯地问:"姐姐,你是不是生气了?"

　　我实在没心情回她一个微笑,板着脸说:"你是做物资保障的,怎么能弄成这个样子?"这一问可捅了马蜂窝,她马上号啕大哭起来。过了好一阵,她总算稳定了情绪,给我讲了一个像言情小说一样复杂的爱情故事:善良美丽的女主角被阴险的女配角陷害,不得不与自己持续了三年的恋情告别。

　　当然,她本人就是故事里那个悲惨可怜的女主角。她一边抹眼泪一边说:"今天确实是我不好,可是我真的没心情……"

　　我承认我不是有空闲、有好心肠专门负责安慰失恋少女的知心姐姐,我跟她只见过两次面,彼此还没熟稔到可以互诉心事、互诉衷肠的程度。我们所处的场合是分秒必争的会场,而不是可以闲聊的咖啡屋。我一点都不同情她,看到她眼泪纷飞,心里不断冒出来的只有责备的话语:"这些事跟我有关系吗?我跟你又不熟。""你不想参与会场工作不早说,'应人事小,误人事大'没听过吗？"

"心情不好"是个通杀的借口，上班迟到，项目没做完，忘记早已答应别人的事，都可以用"对不起，我这两天心情不太好"来做挡箭牌，呼之欲出的潜台词是"你要是在这个时候指责我，你就无情无义、无理取闹"。

你心情不好，你过不了失恋、失业或是这样那样的低谷，不如待在自己的小世界里好好疗愈，就别再奢求怀着一颗娇小姐的心恨不得全世界都站在你一边。别人也有自己的情绪，干吗非要迁就你呢？

大家都是成年人，早已过了"全世界都围着我转"的自恋期，如果你不能收拾好自己的情绪，至少要做到靠边站，不要碍着别人的路。

没有人有义务去负担你的坏心情，为你收拾一堆烂摊子，还得照顾你的感受，连埋怨都不能说出口。如果别人心肠好，帮你处理了你因为坏心情而搞砸的事，你应该心怀感激，而不是理所应当地认为别人必须帮你。

02

不知道从什么时候开始，我开始害怕那些总是把自己的悲惨和苦难挂在嘴边的人。这样的人并不罕见，现实生活中随处可遇。再说几个让我大长见识的人吧。

"学生时代苦啊，连一双像样的运动鞋都买不起，看着别人穿着运动鞋去打篮球羡慕得很，只能把自己高中时候的球鞋当宝贝一样保存着，没重大场合都舍不得穿。"

紧接着，她得意洋洋地讲起自己给同校学弟、学妹们推销劣质化妆品挣了一大桶金的事迹，带着"无商不奸"的理直气壮，最后说一句打鸡血的话"所以你看，只要肯努力总会有出路的"。

至于那些从她手中拿了货卖不出去，欲哭无泪的学弟、学妹，至于那些用了她的劣质化妆品过敏，长斑、长痘、长红疹的受害者，她才看不到。况且，他们的悲惨来自于贪小便宜，怎么能跟克服重重磨难，白手起家的她相提并论。

"以前北漂的时候，住在阴暗的筒子楼里，一下雨就反潮，房东却不给减一点房租，还整天威胁我要转租。"话锋一转，她又讲起自己怎么伙同老乡将房东正在上初中的儿子堵在巷子里好一顿恐吓，颇有一番"梁山好汉"的豪情，"给小孩子留下心理阴影？那也是活该，谁让这倒霉孩子有一个那样的老爸呢，我寄人篱下可比他惨多了，这叫以眼还眼，以牙还牙。"

有人利用女朋友家里的关系找到工作，然后把女朋友一脚踢开；有人在公司里陷害同事，巴结老板，三年之内连升五级。

明明都是令人不耻的事，这些人却干得心安理得。他们讲述自己的经历时，总是一个比一个苦，一个比一个惨。让听的人有一种错觉，好像在这样的苦难之下，他们没有自暴自弃就不错了，哪还顾得上手段是否正当，行为是否光明磊落。

苦难经历讲述完毕后，不明真相的听众夸上几句"你可真不容易""太牛气了""好励志啊"……讲述者满意地摆出一副成功人士的派头，挥挥衣袖翩然退场。

那些"苦难"被讲述者添上戏剧般夸张而又传奇的色彩，加上几笔对自己的疼惜和赞赏，就变成了挑战他人原则的借口和享受无限次"被谅解"的通行证，甚至成为可以炫耀的资本。

可真正经过苦难的人，往往是沉默的，不管他们在苦难中学会了什么，或是与命运达成了怎么样的一笔交易，他们都不会挂在嘴边。

而那些自称饱受生活折磨的"可怜人"告诉你："人在屋檐下，不得不低头。我这都是生活所迫，我也不想的。可是你看我就是在这样的环境下还是活了下来，还活得不错呢。"

可笑的并不是他们曾经躲进了低矮的屋檐，而是明明挤进去的姿势那么猥琐，还要洋洋得意地宣称，看我多么能干，找了这么个好地方躲起来，外面的傻子你们就淋雨去吧。

用大把时间彷徨，用几个瞬间成长

01

一次家庭聚会，说起了一个亲戚的朋友的儿子，他叫木头。

木头大专毕业的时候就说要开一家公司，不再跟家里人要钱交房租了。可是过了一年又一年，他还在跟家里人要钱交房租。

木头的父母很有钱，年纪很大才生了木头。老两口老来得子，难免对木头过于宠爱。在这种环境下成长，木头从小就很懒，对父母呼来喝去的，自己什么都不做。上学的时候，每天都买麦当劳的豪华早餐，生日的时候更是大手笔，请同学们去海鲜酒楼吃饭，上了专科学院之后就要求父母给买车。木头是家中独子，父母总是把最好的给他，他要啥就给啥。

很快，木头就开了一辆白色的奥迪去学校上课。

那会儿，有个女同学长得很不错，木头就去追她。那个女同学也不是什么省油的灯，见木头对自己有意思，就开口闭口都是买这买那。

有次国庆节期间，女同学说要跟表姐去香港买东西，费用让木头出。木头说，他想跟她们一起去。女同学又说不行，她们两个女的逛街，木头在边上碍手碍脚的不方便。于是，木头就没去，结果那女同学就在香港刷了他五万元。

回来后，木头跟她大吵一架，女同学说给不起钱就不要找她谈。木头一气之下就跟那女的分手了，可是那五万元就这样打水漂了。木头的父母知道后就骂了木头一顿，说他怎么可以这样轻而易举地把那么多钱给别人花了。木头不以为然，说这些钱不过就几个月的房租，没什么大不了的。

木头没了女朋友，就把注意力转到了收藏奢侈品上。有一次，他一口气买了好几件名牌的衣服回来。木头的母亲见了，就说这样大手大脚地花钱可不行。

木头还是没听，继续败家，直到毕业后他又找到了新女朋友。新女朋友叫阿彩，长得高高瘦瘦的，看起来很文静。阿彩不像前女友那样势利和虚荣，她倒是没怎么让木头花钱，木头也因此变得没那么玩世不恭了。

一天，木头把阿彩带回家见父母，父母见了都很满意，说这女孩子不错。

可惜,阿彩的家里人不太喜欢木头。他们首先数落了一堆木头不好的地方,比如:他没有工作,没有特长,不会做家务。还直接犀利地说,像木头这样的人,迟早坐吃山空。

木头脾气不好,一句不好听的也听不得,跟阿彩的母亲吵了起来。吵架的时候,阿彩的母亲不停地骂他,说他靠父母没出息,他们绝对不会让阿彩跟他在一起的。

就这样,两家人是不可能成亲家了。

经过这件事,木头一直觉得心里憋着一口恶气,跌进了非要找个女朋友的怪圈。

木头的父亲劝他说,还是赶紧出去找份工作。木头根本不理睬,他整天对着电脑忙到半夜,打算在网上的交友社区找个女朋友。木头的父亲又劝了他好几次,说网络上更不可靠,可是木头不听。就这样,他在网上又找了一些女孩子见面约会,可谈不了几个月人家就把他甩了。

木头去找父亲谈话,说自己找不到女朋友,都是因为没有像样的工作。木头的父亲本以为木头总算是想明白了,有长进了。谁想,木头让父亲出钱给他开个鞋厂,因为他听说现在卖鞋挺赚钱的。这样,他才能找到好的女孩子。

木头的父亲当即一惊,说这个行业他们完全不懂,投资还很大，不能做。

可木头说，他在网上谈好了代理商，说是能拿到一些国外小品牌的代工授权，只要他们能在外地投资一家加工厂，就有很大的利润。

木头的父亲任由木头怎么说都不同意，说家里没钱了。可是木头不信，还说要是真没钱了，卖掉一幢房子就行了。木头整天跟父母吵闹，父亲被气得身体也越来越差了。

木头见父母就是不肯拿钱出来，就说，现在不给他钱，可以后这些房子也总归都是他的，到时候他还是会把它们给卖掉的。

木头的父亲被他吵得天天神经衰弱睡不好觉，母亲没办法，就劝丈夫说，这样一直闹下去也不是办法，让他把一套房子卖了让木头去投资建厂算了，没准能让木头的心定下来。

闹了大半年，父亲最后还是把一套房子卖了，跟他一起到外地租了个厂房。

可是木头根本就不把开厂当回事儿，整天吊儿郎当的，从不过问厂里的事。这可把年迈的父亲害苦了，天天在厂里忙。木头倒是清闲，出去就跟人家说他是某某厂的老板，到处找人给他介绍女朋友。

这样的日子大概过了两年，木头的父亲因为体力不支累倒了，鞋厂就此乱作一团，一些订单没法按时交付，被客户投诉，结果，赔了一大笔钱。

木头的父亲找到木头，说他不能再照顾这个鞋厂了，决定把鞋厂转让掉，至少不会再亏空下去。

木头在自己的世界转了那么久，终于开始注意已然花白了头的父亲。

父亲本以为木头还会继续胡闹，谁想木头竟说："爸，你赶紧把鞋厂关了吧，都是我不好。"

这一句，倒是让木头的父亲愣住了。

很奇怪，有些人就是一夜之间长大的。

木头关了鞋厂后，终于开始设想自己的未来了，他决定重新回学校读书。木头的父母知道了，露出了喜悦的笑容。

02

有些孩子不是因为太坏，而是因为太天真。就像木头这样的，其实本性并不坏，只不过他在富足的生活中不会明白穷人的贫苦和辛酸。况且，在木头眼里，家里的钱一直都来得很容易，父母不用上班，每个月收收房租，就能过得不错。所以，他对辛苦根本没有概念，也感觉不到钱的来之不易。所以，当女孩子问他要钱的时候，他丝毫没有戒备和不情愿；相反的，他可能还觉得不就花几个钱吗，没什么大不了的。

木头的世界其实很简单，他从来没有想过什么心计，他只是想去跟人交往，却又不知道该用什么方式去交流。当别人提出要买什么、要干什么的时候，他除了答应还是答应。他想得很单纯，以为这样就可以交到好朋友。

直到他忽然发现，这个世界和他想象中完全不同之后，才开始醒悟了。他的慷慨在那些人眼中是愚蠢，他的付出在那些人眼中是幼稚。他认识到自己的浅薄后，终于开始用心去学，重新去看待周遭了。

后来，我听那个亲戚说，木头很用心地读完了本科，虽然又多耗费了两年时间，但是能从混沌中走出来就是值得的。木头的父亲很高兴，终于看到自己的儿子走上了正轨。

这两年，木头成熟了不少，他出去找工作也不会眼高手低。他知道自己没工作经验，所以不求高工资，只求用人单位能录用他，给他一个就业的平台。

听说，木头进了一家大卖场的管理部做网络维护，每天都很认真努力地工作。进去了一年后，有一个做文员的姑娘看上了木头，她每天冲茶水的时候总会给木头倒一杯热茶。

木头很感动，也知道父母一直期盼着他能早点成家。所以，他就接受了那个姑娘,也终于明白一个人的真心比什么都重要。

  我想,过不了多久木头可能就会结婚了吧……

  其实一个人想要追求什么并不困难,只要让自己变得可靠,值得信赖,那么一切都如微风一样轻抚在你的脸庞……

万事万物，来去皆有时间

01

几年前，你买了一株曼珠沙华的根，带着神圣的心情，将其埋在花盆里。你用了整整一年等待它发芽，那个过程很漫长，至今你仍记忆犹新。期间你更不止一次将其从土里挖出来，想看看它是否还完好无损。

见它很长时间没有反应，有时你会希望它腐烂掉，这样就能腾出花盆，好让你种上别的植物。然而每一次你挖出它的时候，都震惊于它顽强的生命力。看着它饱满并蓄势破土的情形，你又舍不得，再一次将它细心掩埋。

你认真浇水，仔细养护。终于，在第二年春天某个普通的日子里，你打理花圃的时候看到它绿意盎然、犹如韭菜叶子般的嫩芽。你欣喜若狂，继续浇水，依旧守望。

三年后，它第一次绽放了。它红得妖娆，红得让你觉得人生充满希望。

　　自从养活了这株曼珠沙华，你渐渐悟出一个道理，你觉得人生就像种花，永远都预料不到今天埋下的种子会在未来的哪一天生根发芽，又在哪一天开花结果。因为有些种子发芽快，七天便能破土而出，当季便能开花；有些则需要月余破土，来年绽放；而那些成长期特别长的，则有可能需要一两年才能发芽，开花更是需要很多年。

　　可以确定的是，现在的所有努力都会在未来的某一天生根发芽、开花散叶。

02

　　花都如此，何况梦想！可是养花容易，坚持梦想太难。在凡俗缠身的背负中，我们可以任由一只好看的花盆一直空着，却不能容忍多年付出得不到回报。我们总觉得社会太过现实，人心太过冷漠，每个人都只看最后的结果，却没有人关注过程的艰辛。

　　正因为如此，我们总觉得事情顺遂是应该的，不顺遂就是自己命不好，就是命运和自己开玩笑，总觉得一件事情只要做了就应该有完美的结局，觉得自己一点点的付出就应该立刻换来完美的结果。然而世事哪有那么容易？哪有什么轻轻松松的成功？

其实所有的这些，都不过是我们为懒惰所找的借口罢了。我们怕付出，更怕付出之后没有回报，于是自我催眠：这个社会是不公平的，所有人都只要看结果，谁看你奋斗艰辛啊？如果你这样想，那干脆缴械投降坐看别人的成果，每天愤怒斥责社会不公算了。

当你悄悄把梦想埋葬，永远不再对人提起，当你每一次听到别人谈梦想，都只能敏感地来一句"梦想？真是搞笑，这是一个看钱的社会，傻子才追求梦想呢"来掩盖内心的虚弱，你忘了你曾经也是一个追风少年，在追求梦想的道路上也曾一路狂奔，而现在你只能望着过往唉声叹气，说着言不由衷的话语来麻醉自己。

而现在每当你看见别人实现了梦想，只能装作若无其事地来一句"他嘛，家庭条件好，人家有条件追求梦想"或者"他比较聪明，运气又好，成功只是时间问题"。你虽然说得这么轻松，可语气中依旧透着不甘。然而别人真的是你说的那样吗？他们是因为家庭条件好才实现了梦想的吗？是因为社会给了机会他才成功的吗？细细回味，倾听自己内心的声音，你不得不承认，别人实现了梦想而你没有，只不过是因为别人比你更努力，比你更坚持，除此之外再没有别的理由。

你败在了自己手中却找不到复仇的对象，只能把怨气发泄在外界的客观条件上。你虽不承认失败，却早已败得一塌糊涂。

说来也是不该，我们既不是少爷也不是公主，却在最应该付出的时候选择了转身离去，在最应该坚持下去的黑暗时刻选择了抽身叫疼。我们欠缺等待花开的耐心和勇气，低估了实现梦想所需要的漫长努力。那努力默默无闻，那泪水咸得发苦，可是只要你坚持，那内心都是笃定喜乐的，你会为自己的执着和一针一线、一笔一画勾勒出来的蓝图心安。静下心来，你就会懂得，给人带来充实的是奋斗的过程而不是最后的结果，那才是我们活得精彩的证明。

即便是最简单的成功也需要漫长的努力。自己做好心理准备，去面对未来可能发生的任何状况：得不到的心酸，得而复失的痛苦，黑夜里看不到星光的迷茫，一切你都要有足够的勇气继续面对。你要做的就是清空自己的内心，坚持你认为对的事情，克服自己的惰性，把想法化为行动一直坚持下去。即便再困难，也要告诉自己，坚持下去总会好的，总会看到阳光明媚。

那些成功的人比我们多了什么惊人的本领？造成天壤之别的原因只取决于你有没有足够的信念。成功者之所以能够成功，不在于他们的出身有多好、他们多么聪明智慧，而在于他们可以把你觉得枯燥的事情坚持千万遍。就算未来渺茫，前途黯淡，他们也会保持本心，给自己足够多的时间，并抱着美好的希望。他们明白，如果花还没开，只是时间未到。时间到了，自然会红遍整个花园。

03

我的同学K，如今在北京混得有模有样，穿着名牌商务西服，住着地段在望京的房子，开着奥迪A8，简直就是一派成功模样。然而刚到北京时的艰辛也只有他自己能真正体会到。

十年前的他住的是怎样的地方，十年前的他回老家只能买得起硬座火车票，十年前的他是在怎样的人生低谷——丢了工作，女友也分手了，心灰意冷地卷起铺盖发誓这辈子再也不北漂，最后一刻一咬牙还是选择了挺下去。

和所有成功者的奋斗史雷同，他开始做各种兼职，更加努力地工作，自学英语考雅思，攻读MBA，所有的艰辛付出在五年后渐渐有了回报。

坚持到现在，他的梦想终于开出美丽的花朵。

其实，我们每个人都不是一帆风顺的，从一无所有的小年轻蜕变成通过双手让自己过上富足生活的中青年，需要经历太多的困苦与磨难。有人用五年过上自己想要的生活，有人要用十年，有人也许穷其一生都在追求梦想的路上。但我们都知道，只要不懈努力，坚持到底，梦想之花总有一天会在汗水中绽放。

你现在每一次为梦想的付出都是在未来的蓝图上画一笔，等到蓝图画好的那一天，你会发现那宏伟的蓝图上少了任何一笔都不行。梦想是一幅巨大的画轴，你的每一次行动都是在为看不见的未来添上一笔重彩。刚开始的时候，你看不出来它的形状，但只要你坚持，总有一天，它会出现在你的面前。

如果花还未绽放，那只是时间还未到。永远对未来抱有期许，并为之不懈奋斗，只要你不放弃，只要你每天都在努力，未来就会越来越近。虽然你不知道自己要经历多少量的积累才能达到质的爆发，但只要相信自己，像等待曼珠沙华那样等待自己的梦想之花，努力的人总会遇到属于自己的幸运。

别因小事而动摇

01

邻居小伙在某农业集团供职。因这两年市场低迷，公司产品一直销量不好，小伙是拿绩效工资的，这样一来工资一直也不太高，还要供着房贷，压力很大，一时焦躁无比。于是他就整天做白日梦，希望能遇到个贵人，能给他投资。

不过一直都没有人投资他。小伙觉得整个人生都陷入了困境，非常绝望。

现如今有这样心态的小青年到处都是，很多人都觉得现实太过卑微，总想着一步登天，成为企业的高管或上市企业的老板，却不愿意脚踏实地，不愿意付出。连成功之前那段时间的冷板凳都不愿意忍受，这难道不是白日做梦嘛？

我很喜欢《我是路人甲》这部电影，它描写了一群在横店影视城漂泊的青年的演员梦，展现出很多普通人的人生。

在现实世界里，到处都有如万国鹏那般普通的年轻人，他们没有可以依仗的家世，也没有可以借靠的外表，却能为了梦想时刻做好准备，不放过任何一个微小的机会，哪怕只是在演一个普通的路人甲，也觉得万分感恩与激动；也有很多如王昭那般的人，长得帅气，又有点才能，就自视甚高，总觉得自己天生就是演主角的料，一旦被安排路人甲的角色，就投机取巧、偷工减料，或者干脆抱怨自己被大材小用。

正因为如此，前者的机会比后者多得多。

其实，平常的生活里就有大情怀。从平日里一点一滴的小事当中，就能看出一个人的能力和品质，不积跬步，无以至千里，做不好小事的人自然更做不好大事。万丈高楼平地起，没有一点一滴的积累，就不可能建成摩天大楼。

不要总想着有了别人的帮助，你的梦想才可以开始，不要总想着是因为没有人给你投资，所以你至今还未曾成功。如果愚公也这么想，光抱着一个不切实际的幻想，幻想有神仙或者别的人帮助而不是通过自己的努力，那么王屋、太行永远都不可能被移走，他和他的子孙也将永远被困在大山中。

即便人家想投资你，他们也是需要得到回报的，你连小事都不愿意做，也做不好，别人凭什么相信你？如果你侥幸遇到一个愿意投资你的人，那就更应该好好考虑了，因为对方有可能对你另有所图。

做什么工作不要紧，重要的是你必须依靠自己的双手生活，你应该活得浩然正气。不论你拥有多么庞大的财富，有多高的职位，那都不是你生活中最美好的部分，把自己活得精彩才是你应该去做的。你无须在意别人的目光，只要付出当下的努力，命运便不会辜负你的付出。一只萤火虫只有一丁点微弱的光，无数的萤火虫却可以照亮天空，也许你的每一步都微弱无光，可是聚集在一起就会是一股强大的能量。

02

连世界五百强的某位外企高管都能放弃百万年薪的工作去摆摊，让你从端茶倒水做起，你就觉得没有前途，请问你有能力担当重任吗？一个字——懒；两个字——虚伪；三个字——"玻璃心"；四个字——自视甚高。

先从小事做起，逐步提高自身的能力，这样更容易有所成就。

我特别喜欢《我是路人甲》某篇影评中的一段话："戏里，年轻的路人甲们在探讨何为成功，我看的时候也在思考。我理解的成功，不是衣食无忧，不是获奖无数，而是你能否真正享受每一次努力的过程,有梦想、有目标是好事,但如果只看到目标,就很容易忽略过程。就像跑步一样,你一心想跑到终点,就会忘记欣赏沿途的风景。所以有时我们不懂珍惜,有时自视过高,有时怨天尤人,其实说到底,都是放不下自我。很多心中的不平都因为放不下,当我们学会放下,往往会获得更多。梦想,不仅仅是有梦、敢想,还有做梦和思考的过程,有了这个过程,结果是什么也就没那么重要了。"

就像现在的我,微不足道,普普通通,也没有什么远大抱负,但我并不抱怨,反而很满足。在人生的长河里,谁都不知道自己将去往何方,遇上怎样的转弯和险滩。这都不重要,重要的是记住当下,记住此刻自己奋斗的模样。

这一刻也许极其微小,但并不卑微,它将和过去以及将来的无数个微小一起组建你生命中的长河。我们只要脚踏实地,在每一个微小的时刻中辛勤耕耘,就一定会看到满园花开。

只要我们在此刻无怨无悔,那么落幕时必然光芒万丈。

不能总向自己的软弱妥协

01

有些人很像软体动物,他们背上有硬壳,一旦有风吹草动,便立刻缩进去。这种人把找借口当成了一种下意识的行为,借口就是他们的硬壳。

有一年,我们公司和一所大学合作一个项目,于是顺理成章地接受了该大学的几位学生来实习,我被指定带他们熟悉工作内容。之所以选择我,大概是因为我有严肃认真、执行原则毫不走样的特性。

这几个实习生都是"90后",上班第一天,我就领教了他们的个性。

其中一个女孩子说:"我要考研,过几天要去外地见导师,你有事给我打电话吧,这是我的电话。"

我笑着说:"其实你完全可以不参加实习,专心考研的。"

女孩一脸严肃地说:"那可不行,如果你们没有在实习报告上盖章,那就会影响我毕业。"

我没说什么,也没为难她,因为我知道,到不了五年,这个女孩就会为自己的行为懊悔不已,所有的桥和路,都得亲自走过才认得清,人就是这样长大的。

接下来,我给他们开了个小会,明确了实习要求、工作程序、考勤纪律等内容,他们看上去听得很认真,但没有一个人记笔记,但愿他们都有个好脑瓜。

下午,一个男孩接工位电话,面前的电话响了很久他才接,原因是他正在回手机短信。拿起电话第一句不是问好和自报家门,而是很直接地问:"你是谁?"

电话礼仪是我在会上强调过的。于是我问他为何不按照公司要求的去做,他吐了吐舌头,说:"忘了。"

这是最好的理由了,我无言以对,对一个记性如此之差的人,我还能说什么呢?

紧接着,公司要给客户寄发一些贺卡,我就组织实习生们来填写,他们的字都很漂亮,措辞也很文雅,令我稍感安慰。

等他们写完贺卡后,我挨个检查。很快就发现了问题,只有一个同学书写无误,贺卡和信封上的姓名、通信地址相对应,剩下的几个都出现了错装的问题。

我有点儿不悦："你们跟我说，装信封之前都检查过了，为什么还是出现了错误？"

"啊？有错误吗？""我核对过了的。""不会吧！"众人低声说，只有没错误的那个男生没说话。"你们真的检查过了吗？"我尽量不带任何厌恶的语气问。"检查了，可贺卡太多了……"（怪贺卡？）

"我们写了一上午，一口水都没顾上喝，累得头昏眼花的……"（忙中出错？）

"我们没经验，难免出错……"（怪年轻？）

……林林总总，大家都挺知道维护自己的，可没有一个人敢说一句：

"我错了，对不起，我检查得不细心。"

我说："你们都知道霍金，知道《时间简史》，可你们知道霍金最新的研究是推翻了自己过去的成果吗？他说自己引以为傲的宇宙大发现'黑洞'是不存在的，他修正了自己，新的理论叫'灰洞'。像他这样伟大的物理学家都能坦然认错，你们怎么就不能诚实坦率一些呢？年轻人刚刚踏入社会，需要的就是负责、敬业、追求完美的执行力，当你一无所有时，你连认真的态度都没有，凭什么让人相信你有价值？"

02

　　我刚刚读大学时,也和所有懵懂少年一样,发誓要珍惜韶华,不虚度光阴。我曾经无数次地告诉自己,在大学里要做好成为一个另类的准备,踏踏实实地向着自己的目标前进。可是事实上,我和所有胸无大志的人一样,每天混着日子,赖床、逃课、泡网吧、闹失恋,我像一片再轻不过的羽毛,随风飘荡,我的人生信念在现实面前酥软了,我麻痹自己说:"大家不都是这样吗?我又何必与周围格格不入?以后的事以后再说吧。"

　　凭着这个借口,我混了好久的日子,直到有一天,我从网吧里出来,路过十字路口的时候,看到一个骑着自行车的女孩儿从我身边路过,我才突然对自己习以为常的借口有了一丝自责。她很瘦弱,穿着一身运动装,右手扶着车把,左手拎着拐杖。而她的双腿以一种十分怪异的姿势扭曲着,以至于无法完成标准的骑车动作,她就这样半圈半圈地蹬着自行车,旁若无人地从我身边骑了过去。这样的身体还在骑自行车!而且她拎着拐杖,想必停下车以后,没有拐杖的扶持一步也走不成。

　　她可以坦然地不去骑车,可以轻易地博取同情,可以让人生更容易些,但是她没有。残疾就是人生最好的借口啊,但她抛弃了所有借口,把自己最柔软的一面敞开,迎接人生的所有挑战。我的心骤然被揪紧了,一个残疾女孩,这样一个不幸的人，还能够做到和正常人一样的事，而我做了什么呢？她让我无地自容。

大多数正常人，我指的是智力和身体都正常的人，往往在可笑地寻找各种借口，作为自己不思进取的屏障。其实，每一个借口下面都藏着一个潜台词，叫"面子"，但我们不好意思说出来，我们以为有借口在，就能逃避困难、责任、批评，并且获得心灵的安慰和他人的同情。但我们从来没有想到，这些借口简直是自己给自己设置的绊脚石，如果不加以反省，总有一天养虎为患，吞噬掉你珍视的一切。

上天喜欢努力的人，却不喜欢努力找借口的人。

借口就是你在和自己的人生狡辩。

再多的道理都是苍白的，只有残酷的无法挽回的时光，能多少给你一点启发，愿意走的人拖着岁月走，不愿走的人岁月拖着走。无论如何，一切都不容你去狡辩，没有别的选择，直面自己吧。

每一个优秀的人都是自己成就的自己。无论什么时候觉醒，都不算晚。

过得去和过不去的,都终将过去

01

这两天北京特别冷,我在微信朋友圈里发了一条消息:"哪天要是我不见了,不是被热死的,就是被冻死的。"很快就有朋友在下面留言,发了几个龇牙的表情,调侃说:"谁让你每天吃那么少的饭,自然要挨冻!"

看着朋友幸灾乐祸的样子,我回了几个翻白眼的表情。

不久有朋友给我打电话,不知道聊了多久,她忽然问我:"你想家了吗?"

我笑着说:"没有啊,你不知道我在北京过得是有多逍遥快活。"

良久,她在那头叹了一口气,说:"其实我知道,你在那边过得不开心,不然你不会发那些幽默好玩的段子。我了解你,你是一个报喜不报忧的人。"

我捂住电话久久不敢出声,生怕她听见我在哽咽。或许人都是这样,不经意间就会被别人的一句话戳中泪点,那句话本身没什么,只是恰好触碰了你记忆中脆弱的地方。

回忆里的时光总是让我引以为傲。我曾为爱奋不顾身,也曾为梦想坚持不懈,还有后来为人生的打拼。

当初自己就像上了发条的机器人,永远不知疲倦地朝前奔跑,每一天都过得很充实。朋友们经常给我打电话,有的会问我,为什么会有这么大的动力,能将生活过得多姿多彩?

当时的我一脸骄傲,对他们说:"我是为了寻找这世上唯一的自己,你们这帮没有文艺细胞的人是不会懂的。"

那些死党都一脸嫌弃地看着我说:"你走吧,我们才不稀罕看见你呢!"

可是我知道,无论我到哪儿,只要我需要他们,哪怕我不说,他们也能明白。我随便在朋友圈里发点什么,他们都能透过简单的文字看穿我背后的忧愁。

每次我回老家,大家都在一起聚餐。叙旧时,我们总会忍不住地互相揭对方老底,但都不约而同地绕过那些真正的、轻轻一碰就会流血的伤疤。

岁月会使我们渐渐淡忘那些痛彻心扉的往事,但那些历经悲痛的时刻，却始终铭记于心。我们身边总会有那么一帮愿意送温暖的死党们，他们永远是我们可以依靠的人。

02

有一段时间，我过得不太如意，喜欢的人变心了。一向活泼开朗的我，一下子变得沉默寡言起来。

我开始不看书，不写字，不听歌，不聊文学和当下热点。每天下班到家就躺在床上，无所事事，好像只有这样，才能让那些不顺心的事烟消云散。

有时候逃避也是一种减压的办法，稍有风吹草动，我们就把头缩进了坚硬的壳里，它使我们感到安全。

有时候，路过一家正在播放歌曲的饭馆，忽然听见一首老歌，我就会忍不住流泪。那是我和他共同听过的歌，听着这首歌，我难免想起往事。

三年前，我们就是在这家饭馆相遇的。过了很久，我才敢对他表白。他说我们相爱的时间只有三年，但对我来说，却是四年。

不知道他那边是不是正在下雨，记得他最讨厌阴雨天。

有一次，天忽然下起了大雨，他在车站拿着雨伞等了我将近一个小时，我嫌他来得太早，他却解释说怕来晚了我找不到他会着急。现在想想,当时的他傻得让人心暖,这件事我一直记在心里。

还有,每次路过奶茶店,他都会拉着我快速走开,他不是讨厌喝奶茶,而是不想让我喝。

每次看电影,看到情侣分手的情节,我都会哭得稀里哗啦,他笑我像个孩子似的长不大。我搂着他问,会不会有一天我们也会天各一方。当时他很坚定地说:"不会。"

分手之后,每到夜深人静的时候,我都在默默地哭泣。半夜里睡不着爬起来边数星星边想,要是当初我乖一点,温柔一点,对他好一些,我们现在会不会是另外一种结局呢?

我甚至幻想,如果像电视剧里那样,我把眼睛哭瞎了,他就会被感动,紧紧地抱住我说:"我们和好吧。"

他会不会也跟我一样,在某一天的某个时刻,不经意地想起我们的故事。会不会也感慨时间过得太快,也为我们没能好好珍惜那段时光而感到惋惜。毕竟我们彼此深爱过,也曾那样认真地将彼此都放在心上。

03

或许是回忆太美好,才会让人念念不忘。约好友去喝咖啡,聊着聊着就会不自觉地提到他。

"不是早就决定把他忘了吗?"好友提醒我。

"一直在努力地忘掉他。"

好友摇摇头:"如果下定决心忘记一个人,是不会常把他挂在嘴边的。"

也许真像好友说的那样,真正要忘记,便不会再刻意地躲避或提起那个人,也不会再把对方看得那么重要。

人生中最美好的事,就是在最好的年华遇见真心爱着的人。我很庆幸我曾遇见他。

我还是老样子,躺在床上就会想起他的样子,想起他说过:"不要这么拼命,试着去享受生活。"

以前我总是喜欢跟他反着来,自从与他分开,我变得不那么拼命了。没有灵感的时候,不会逼着自己写稿子;不想看书的时候,也不会拿着书死命地去看……

曾经那些怎么改也改不掉的坏习惯,如今也都渐渐被改掉了。没有什么是不能被改变的,要改掉一个习惯,刚开始可能会很别扭,但只要坚持下去,就一定可以成功。

渐渐地,我不会再轻易地因为听到一首歌而掉眼泪,即便那是我们从前最爱听的。

这个世界总是喜欢跟我们开玩笑,越是你想发生的事情,越不容易发生。他离开的时候,我就像做了一场梦。我原以为梦醒之后，会痛彻心扉，结果却发现自己变得释然了。

我从一个懵懂无知的少女，逐渐懂得世事无常，该来的始终会来，留不住的，就算再努力也是徒然。所以，我终于接受了他的离开，也接受了自己的不完美。曾经以为再也好不起来的日子，如今也都变得很美。

我坚信自己终将遇到一个像他那样疼爱我的男生。

前两天是中秋节，他给我发信息问我有没有吃月饼。其实，我最不喜欢吃月饼，往年中秋时他总要硬塞给我一块，说这样才有过节的感觉……

我曾幻想过无数次他再联系我时的场景，唯独没有想到，他会发这样一条信息给我。我以为自己会哭，毕竟爱了他那么久，毕竟当初是那样不舍得分手。可是好奇怪，我竟然没有掉一滴泪，像个老朋友一样回复他："中秋节快乐。"

他并不知道，我发完信息之后，整个人都放松了下来。事实证明，这个世界上没有谁离开谁就会活不下去，也没有改变不了爱情。我们总觉得彼此的相遇是命中注定，可最后的结果说明，这世间所有的命中注定都是巧合，没有什么是一成不变的，没有什么是生来就定好的，相爱只是一种偶然。

是时间让我对你产生了感情，又是时间让我从情感的泥沼中走了出来。我终于相信，一切都有尽头，相聚或离开，都有时候，没有什么会永垂不朽。

  再难忘的回忆也会变淡，所有过不去的也终将过去。

  倘若有天我还能遇见到你，也许我会笑着跟你聊聊最近发生的趣事。同时，也会对你说一声："好久不见。"

  当你遇到怎么也无法排解的烦恼时，不要害怕人生会变得有多糟糕，你只需做好你自己。一切都会在你专注做事的过程中悄然改变，你曾经以为无法改变的最后终将消失不见。

只要你跑得够快，孤单就抓不住你

01

以前，我能在聚会上开"新闻发布会"，现在却对明星八卦、娱乐新闻等话题毫无兴趣，而且总感到自己与别人格格不入。聚会的时候，越是想融入他们，越感觉自己是个局外人，最后，总是坐在沙发上玩手机。偶尔有人跟我说话，我只会应声附和。他们说我变了，变得沉默寡言。我在心里暗暗叫苦，其实大家都在变，只是我已经赶不上他们的脚步了。

对自己的孤单，我感到莫名的哀伤。

有阵子我感觉很疲惫，状态极差，下了班什么也不想做，于是，我决定出去旅行。我背着包出了远门，去了最想去的地方，一路上看了许许多多美好的风景，也听了很多首动人的歌。

在这段寂静的时光里，我想明白了很多事情。那些说好要一起走到最后的人,失去联系已经很久了;那些过得又傻又单纯的日子,一去不复返了。我们站在当下追忆过去,却不知道未来的我们又会以怎样的眼光来看待现在。

在去往远方的火车上,我接到了朋友小米的电话。她说感到越来越孤单,想回国了。我愣了很久,回想起她决定去加拿大时满脸笑容的幸福模样。那时候,我们都很羡慕她。

我猜小米之所以感到孤单,大半是因为思念家乡,于是我跟她讲起了近年家乡的变化:那些儿时留恋过的地方早就被拆了,最喜欢去的那家川菜馆变成了游戏厅,经常光顾的饰品店摇身一变成了网吧,就连我们一起轧的那条马路上,现在也盖起了居民楼……

小米在电话那头沉默许久后,说:"倒也不是想家了,只是觉得越来越感到孤单,为什么会这样呢?"

这是很多人心中的疑问,明明我们在拼命成长,努力生活,为什么却越来越空虚,越来越孤单?在火车上,我看着那些跟我有一样表情的人,只会一遍遍拿起手机看时间,一时语塞。

我跟小米说:"其实不是只有你一个人会感到孤单。就比如说我吧,面对曾经无话不说的朋友,现在都不知道该说些什么。很多东西,都已物是人非。我们的家乡,就算你回来了,也找不到当年的味道。可以说,相见不如怀念。"

她说她知道，可还是会不时地感到孤单。

我们之所以会感到孤单，是因为找不回那个曾经的自己了。

人都在不经意间发生着变化，天天见面的人未必会发现，阔别已久的人却很容易察觉。很多时候，你以为自己什么都没有变，但你早已不是那个过去的自己了。

可我们还是要继续往前走，要学会面对这种孤单。

02

旅行结束后，我又回到了上班下班、回家写稿的生活模式。还是那个我，不久前还大大咧咧地嚷着要去尽情地流浪，而现在却下了班就宅在家里。

有段时间，我十分厌倦这种状态，因为它让我感到寂寞。待在房间写稿子的时候，我总是循环播放凯斯·厄本的《今晚我只愿哭泣》这首歌。歌词里写道："今晚房间又只剩我一个人，我打开电视，调低音量，拿出一瓶酒。"每次听到这几句，我就有喝酒的冲动，我对自己说：不能再这样下去了，要么换工作，要么放弃写稿子，总之，我需要时间去交朋友，去适应新的环境。

那时候，我刚来北京没多久。还记得临别时他们对我说："到了那边你会感到孤单的，没有人陪你说话，也没有人给你安慰和温暖，那样的日子你过得下去吗？"

当时的我，意气风发，对这番话不以为意。可是没过多久，我就体会到了他们所说的孤单。

我终于没有将这番感受与他们分享。既然这条路是我自己选的，那么我理应勇往直前，将这条路走到底。

起初，我试图用忙碌掩盖孤单，后来却发现并不奏效。不过多亏了这段"疯狂疗伤"的日子，我既没有放弃本职工作，同时还顺利地完稿了。但，治愈孤单的真正原因是：我在北京有了新朋友。

我把这个心得体会第一时间跟阿雅分享，因为她跟我一样，也是只身一人在异乡漂泊，身陷孤单的沼泽。我本以为她会很欢喜，却没想到她不以为意。

我问她："你很享受孤单吗？"

她回了一个白眼："这世上恐怕没有人愿意孤单吧，我也想像你那样，可偏偏习惯拖了后腿。"

虽说习惯很难改变，但倘若你有改变的决心，只需二十一天就行。以前我看书很"挑食"，偏爱中国文学作品，后来我开始尝试着阅读外国文学作品，例如《挪威的森林》《生命中不能承受之轻》《百年孤独》等。我一度以为不可能改变的偏好，不知不觉中竟也改变了。

我们往往将棘手的问题归咎于习惯，却从未想过要去改变。如果你对现有的生活不满意，请先不要急着去抱怨，不妨尝试着去改变，也许会有意外的收获。

　　我还是跟阿雅说："试着去做点儿别的事情转移注意力吧！你不是对外语很感兴趣吗，那就去报个学习班。"

　　几个月后，阿雅给我留言说，准备跟在补习班认识的人一起出去旅行。

　　过分执着于一件事，于人于己都没什么好处。就像一个堵车的路口，前方车辆已无法通行，后方的车辆却依然紧跟其后。这时，我们缺少的只是一个提醒：此路不通，请绕道而行。

　　遇到难过的事情，我们往往习惯于将自己关在房间里，一遍遍地听着悲伤的歌曲，陷在绝望里无法自拔，却从未想过，孤单，或许是缘于我们的某种习惯。只要你跑得够快，孤单就抓不住你。将自己抛进多姿多彩的生活中，将那些孤单、寂寞全部丢掉，你就可以过上更好的生活。

　　愿你告别孤单。

趁一切都来得及，去做自己喜欢的事

01

朋友跟我分享了一个有关他邻居的故事。

那一年他们都在上高三，正是学业最繁忙的时候，大家每天都被作业压得喘不过气来。而这位邻居除了要完成作业以外，竟然还有精力和时间学练吉他。

当时他弹吉他的水平实在让人不敢恭维，曲不成曲，调不成调，已然成为噪音污染。刚开始大家看着他勤学苦练，纷纷竖起大拇指称赞他。没过多久，就有人受不了了。楼上的人实在听不下去了，登门劝说："你再这样弹下去，恐怕就要挂上'扰民'的罪名了。"他脾气很好，非但不生气，还笑呵呵地答应对方再也不练了。

朋友以为他会就此放弃了，没想到，他只是换了阵地，改到附近的小花园里练了。朋友每次从窗口向外望去,都能看见他那孤单的背影。

"我也曾为他心急,既然没有天赋,为何还要如此辛苦,不由得为他感到担心,这样做到底值不值得?"

有次他们在学校遇到了,朋友问他:"吉他弹得怎么样了?"他轻松地说:"挺好的啊,一直都有进步。"

他兴奋地谈论着学吉他多么有趣,一边说一边比画,朋友看到了他所有的手指都裹着白色的医用胶布。邻居"嘿嘿"地笑了,说是自己比较笨,别人学几遍就能掌握的要领,自己非要练很久才能学会,反复地练习,指腹就被磨成这样了。

朋友看着那些伤口感到胆战心惊,十个手指都缠着胶布,那得是多拼命,怎样的坚持才会受这样的伤啊!其实朋友当初也很喜欢吉他,但他在看到邻居惨不忍睹的下场之后,还是放弃了。再加上都在忙着准备高考,忙着应付各种题海战术,所以学吉他这事就成了他生命里的一个小插曲,转眼就忘记了。

直到上了大学,有一次朋友参加社团举办的联谊活动,看见一个男生正在台上表演吉他,才想起了邻居当年苦学吉他的事情,也好奇他后来还有没有将吉他继续练下去。

他趁着放假,专门去找了那位邻居。邻居给他弹了一首歌,让朋友刮目相看,那感觉简直就像是在听现场版的伴奏。

朋友跟我说,那天邻居的表现让他格外吃惊,除此之外,他还感到后悔,更有那么一丝丝嫉妒。

"事到如今,你有什么好后悔的呢?你是没有跟他一样多的时间,还是没有他那个经济条件?是买不起资料书,还是买不起吉他?"被我这么一问,他不吭声了。

02

当初,你与他一样,都对吉他有着强烈的兴趣,只是因为看到他在练习吉他时受到了质疑,看到他十指受伤缠裹着胶布,你就早早放弃了,转而沉迷在了网游里。你不明白:为什么他伤痕累累却还能笑得出来,还说弹吉他是他目前为止做过的最快乐的事;为何他受了那么多苦,却仍然会感到快乐。这些事你始终都想不通。

如今,他弹得一手好吉他,看到他每次表演吉他时所展现出来的自信,让他变得魅力非凡,你不禁心生后悔,甚至嫉妒。

你嫉妒的是,他现在学会的东西也是你曾经热爱的。你后悔的是,当年你若像他一样刻苦,也可以学得像他一样好,可那时你却偏偏停住了脚步。

那时候的你,认为时光如此漫长,还有很多别的事要去做,所以对弹吉他的事持观望的态度。

看着那些因为"鲁莽"而泪流不止,因为"冲动"而头破血流,却依然前行的人,你唏嘘不已。你心里住着一个魔鬼,它告诉你,不要走他们的路。

看看他们为了达到目标而受的伤,你不想变得跟他们一样,你不想独自一人去承受孤独,你害怕失败带来的恐惧,所以你望而却步。

放弃的原因大多是害怕失败,更怕失败后被人笑话,所以你小心翼翼地往前走。可你忘记了,其实越怕失败就越会失败,越是止步不前就越是一无所获,只有勇往直前,不畏挫折,才有可能会迎来成功的希望。

03

有时候,我们总是把成功想得太简单,把梦想的实现看得太容易。如果你仔细去研究那些曾经默默无闻,后来却大放光彩的人,你就会明白,他们是经历了无数次的磨难才修成正果的。这世上从来没有人能够随随便便就成为自己所满意的人。

可能我们认为邻居手上的伤口触目惊心,或许在他眼中那只不过是习以为常的小疤,甚至当你问起伤口的来历时,他还会自豪地抬起手,骄傲地向你展示,这是他实现梦想的真实证明。

他们早就忘记了疼痛的滋味了，也早就不在乎那些受过的伤了。他们曾经因为热爱而全神贯注地为梦想努力过，过程中得到的快乐是无穷的，结果对于他们而言已经没那么重要了。如果你去问，他们会高兴地为你描述当时是怎么跨过了那些沟沟坎坎，他们会告诉你，那是他们人生中最充实的时光。

　　因为热爱，所以执着，做自己喜欢的事就不怕吃苦。这是那些头破血流却依然乐在其中的人告诉我们的道理。

　　看着那些和你一同开始的人，现在一个个都走得越来越远、越来越稳，而你却没能和他们一样坚持到底，你的人生依然在动摇中。你的心难道不会有所触动吗？

　　那个朋友跟我说，他现在真的后悔了，倒不是因为高中的时候没有学吉他，而是他至今还没有认认真真地去做过一件事。这次的心痛，让他看清了自己，也更加明白了以后的路要怎么走。

04

　　微博上有一段话：总不能流血就喊痛，怕黑就开灯，想念就联系，疲惫就放空，被孤立就讨好，脆弱就想家，不要被现在蒙蔽双眼，终究是要长大，有些路总要一个人走。

　　是的，我们终究要长大，长大意味着要适应困境带来的挫折，要学会坚强和独立。虽然这过程会很痛，但熬过之后，你就可以看到不一样的自己。

当你熬不住想要放弃的时候，不妨想想我那个朋友的邻居。热爱吉他的他，即使是有沉重繁忙的学业，也没有轻易地放弃，别人的打击也没能让他动摇，最后他终于弹得一手好吉他。

而你呢，从前总是"三天打鱼，两天晒网"，对一切事情都持观望态度。依然浑噩，还是认认真真地去做一件让自己不后悔的事情呢？

他们的痛是他们的，只有你的痛才是自己的。如果你从未痛过，又怎能知道那些痛自己能不能承受，能不能熬过去，能不能也如他们那般风雨过后见到彩虹呢？

没有看到想要的美好，只是因为你还没有用尽全力。你只有认真努力过，才有资格说热爱；你只有勇敢尝试过，才有权利说放弃。

为了不让生活留下遗憾和后悔，我们应该尽可能地抓住一切可以让梦想实现的机会。趁一切都来得及，去做你真正想做的事。人生有无限可能，我们要努力才能看得到辉煌，否则只会随波逐流地成为平庸之辈，没有精彩可言。

第三章

离开任何人，
你都可以
精彩过一生

你终会明白，没有谁不可取代

01

前两天，妮妮跑来找我诉苦。她说今天逛街的时候，看到前任和另一个姑娘在一起，自己非常伤心难过。她说："我现在才知道，要忘记一段感情真的很难。"

妮妮之前经常带着前任出席我们的聚会，看到她小鸟依人地依偎着男朋友，我们由衷地替她高兴。

在妮妮23岁生日的那一周，她男朋友带她去广州玩了几天。他陪她看了期待已久的演唱会，陪她登上了广州塔看珠江夜景，带她吃了很多地道的小吃。那几天，她过得特别开心，不停地在微信朋友圈里直播刷屏。

最后一天早上，妮妮起床的时候不见男朋友，而床头却留了一张纸条，上面写着：妮妮，我觉得咱们还是做朋友吧。

这下妮妮彻底蒙了,男朋友花了这么多时间和心思来陪她,就是为了最后跟她提分手?

之后的那段时间,妮妮每天在微信朋友圈分享苦情歌曲,给前任每一条动态底下写一大堆留言,诉说自己离开对方后有多委屈、多难过。后来,前任索性把她删了,可她不依不饶地给对方发好友验证申请。

想过不再关心你的所有,不再期待和你见面,不再看你的朋友圈,不再翻阅你以前的信息,可是很抱歉啊,原谅我真的做不到。

妮妮说,她知道前任一定会回头找她的,所以她愿意等。自始至终,她都觉得他们之间的分手,是一场误会。

那天,妮妮和姐妹在公园散心,见到前任拉着一个姑娘的手从她们面前走过,她顿时傻了眼。

那一刻,妮妮突然意识到自己傻到家了。前任的感情生活明明已经华丽地翻篇了,而自己还苦苦沉溺在分手当中,始终无法走出来。

当妮妮跟我说起这事的时候,还当着我的面狠狠地抽了自己一嘴巴。

"嗯,我会试着忘记他的,一定会的。"妮妮若有所思地说。

02

记得两年前去云南旅游时,在旅途中认识了一个名叫小鹿的女游客。小鹿不久之前和男友分手了,一个人跑出来旅游疗愈情伤。

分手后的那一段时间里,小鹿每天都过得魂不守舍、无精打采,连工作的心思都没有了,家人和朋友看到她这种状态都非常担心她。她每天都在想念前任,特地申请了一个微信小号,偷偷地加了前任,每天去看他朋友圈里的动态。

谈恋爱的时候,她就不止一次跟男朋友提过,想去一趟云南,可男朋友总是以工作忙为由,无限期拖延了行程。直到分手,也没有兑现这个承诺。

小鹿一个人走遍了香格里拉、玉龙雪山、大理古城、洱海、滇池,她说,这些地方本来是两个人约好一起来的,而今她一个人悉数游遍了,未给自己留下任何遗憾。

在回程的航班上,我见小鹿和邻座一个商务男聊得兴起,并互换了联络方式。后来,小鹿在微信上跟我说,她和那个商务男正式确定了恋爱关系。

你以为这辈子都忘不了他了,然而只是一眨眼的工夫,连他的名字都已经记不清了。

03

电影《重庆森林》里面有一句旁白:"不知道从什么时候开始,在什么东西上面都有个日期,秋刀鱼会过期,肉罐头会过期,连保鲜纸都会过期,我开始怀疑,在这个世界上,还有什么东西是不会过期的?"

是的,爱情会过期,就连对一个人的想念,也会过期。

你总会忍不住想去看前任的微信朋友圈,忍不住向朋友们打听前任的近况,那就像一种难以戒除的瘾。一方面是对于前任旧情难忘,而另一方面是因为你离开对方的时间还不够长。

在这个过程中,你会无限放大对方身上的好,甘愿把自己丢在那个晦暗的角落,终日在痛苦与爱而不得中饱受煎熬。

当你苦苦坚持了一段时间以后,发现用尽各种方法都无法将对方挽回,而前任的离开已经成了一个任谁都改变不了的事实。那时候的你,一定会在潜意识里劝说自己主动放下这一切。

你也会渐渐懂得:所有的失恋,都是在给真爱让路。

04

写公众号以来,我收到过不少读者发来的故事。

他们总会说:"我明知道和对方不会再有未来,但始终忘不了对方。我每天都过得很痛苦,我该怎么办?"

起初，我会回复他们大段大段的文字，试图安抚他们：忘了他吧，你一定可以挺过来的。

　　后来，我逐渐意识到，当你面对一个深陷情伤的人时，任何安慰其实都是苍白无力的。当他们熬过了那些苦痛的关口，遇见了一个比之前更好的恋人，自然而然就会忘掉旧爱的。除此以外，没有任何捷径和办法。

　　失恋以后，你要做的不是迅速地忘记对方，而是正视自己身上的怯懦和软弱，从意识层面让自己去接受对方离开的现实，慢慢去习惯没有对方的日子。

　　你不需要故作坚强，反而应该让自己趁早攒够失望，给自己一个彻底死心的理由，然后在人生的最低谷开始迎接崭新的生活。

　　直到有一天，你不再去看他的微博，不再去翻他的朋友圈，也不再去记挂对方有没有新欢，那就是你放下的时候了。

　　生活始终会向你证明，即便是失去了对方，你也有能力过得足够好。

　　你会发现，只要自己彻底地放下一个人，那曾经煎熬你的孤独和无助，都是充满意义并且值得的。

　　你终会明白，没有谁不可取代。

错过他，却成就了更好的自己

01

十一月，我在QQ签名栏上写下了一段话：

我们曾经以为自己非他不可，以为离开那个人，全世界都会变成灰色，而当对方真的离开后，我们的生活还是如往常一样。

我刚写完签名，就有一个昵称叫"不吃鱼的猫"的人加我为好友。她把我签名里的这段文字截图发来，末尾跟着几个大哭的表情。她对我说："你都不知道我这几年是怎么熬过来的，那个人从我的世界里消失了三年，我也就想了他三年。哪里像你说的那样，他离开以后，生活还是如往常一样，明明是生活与以往大不同了。"

我问她："在他离开你以后，你在做什么？"

她不假思索地回我:"当然是一直想着他了。"

我在键盘上敲下一句话:"你从来都没有尝试过去忘记他,又怎么能像从前一样生活呢?"

看,这就是我们奇怪的思维方式:一方面明明知道那个人已经从自己的生活中离开了,也知道他不会再回来;而另一方面却抱着回忆,迟迟不肯放手,假装他还在陪伴自己。一遍遍地温习着与他在一起时的一切,一遍遍提醒自己,他从什么时候开始走进了你的人生,又是从什么时候开始渐渐地远离你的世界。

你还记得,大冬天里,他跑很远的路去给你买热奶茶暖身,而他的脸却冻得通红。

你还记得,每个放学的下午,他推着自行车陪你走过开着蔷薇花的小路,只为刻意制造浪漫的气氛。

你还记得你们第一次争吵,你哭得差点背过气去,他则像个做错事的孩子,一直低着头,渴望得到你的原谅。

……

他离开的时间越久,那些小事你就记得越清楚,回忆里的那些情节不断地被重放。你自己也知道,越是去回忆那些陈芝麻烂谷子的事,心里就越难过。可你就是忘不掉,也舍不得忘掉。

你总觉得，如果没有这些回忆做伴，你的生活相比从前会过得单调、乏味。

你在心里会这样想：再想他最后一天就好，从明天开始，一定试着把他忘掉。可明天过后又是一个明天，他始终在你的心中，就算你嘴上不说，心里也还是想着他。

有时就连你身边的朋友都看不下去了，对你说："你们互相喜欢着对方，却没能走到最后，这说明你们缘分不够，你再纠结也不会改变什么，何不放手，让自己自由？"

你将这句话左耳朵进，右耳朵出。你们恋爱时那么快乐，现在分开了，怎能说忘就忘呢？

你有没有想过，一直忘不掉他，并不是因为你真的非他不可，而是你从来就没有想过要忘记他。你把想念一个人当成了生活中不可缺少的事，如果不去做，你总觉得这一天缺了点什么。习惯是一种依赖，克服依赖的过程就是一种修行。

谁说人一定要一直往前走，永远不准回头看？如果有一天前方的路让你头破血流，为何不选择回头呢？

想一想，在没有遇到那个人之前，你本就过得不错。只是他来了，你对未来有了别样的期待。你期待他能融入你的生活，期待他能与你共同创造不一样的未来。

这个世界终究不是你一个人的，它不可能完全按照你的心意去发展。他的离开，令你出乎意料，你伤心了，难过了，认为你的世界从此只剩下自己。你有一种深深的被抛弃感，顿时对周围的一切都失去了兴趣。

02

"不吃鱼的猫"最近总在QQ上跟我聊她的生活。昨天她跟某某去购物了，今天去茶吧享受了下午茶，这些天她又看了些什么书，有什么心得体会，等等。

我给她发了一个微笑的表情，问她："最近没见你再提那个让你生不如死的前任了，怎么，这是要把他彻底遗忘的节奏吗？"

她也回了个微笑的表情："没有缘分的人，无论再怎么想，他都不会是你的。既然如此，我为什么要为难自己。我已经为他活了三年，一个人的青春能有多少个三年，我也是时候该为自己活一回了。"

对这姑娘的大彻大悟，我赶忙给她点赞。既然感情已经没有结果，你也试图去挽救过，最后仍然没有在一起，那么就干脆告别吧，未来的时间里让自己变得更好。适当的伤感和回忆能让你懂得珍惜，但如果过度沉迷于此，只能是虚度光阴。

03

小A是我认识的女孩子里最胆小的一个,她一旦受到伤害,就习惯性地做一只缩头乌龟。她跟我说,谈了五年的男朋友,最后莫名其妙地和她分手了。

说莫名其妙一点也不为过。他们两个都将对方当成手心里的宝,套用一句俗得不能再俗的话:捧在手掌心怕摔着,含在嘴里怕化了。可就是那么小心翼翼地呵护着对方,结果还是没能走到最后。

分手的原因很简单,两个人因为一件小事发生了争吵,后来男生忽然就不想继续这段感情了。"分手"二字说出后,小A当时以为那个男生只是内心疲倦,想找个借口,暂时休息一段时间,所以就以退为进地答应了,没想到他竟然是铁了心要离开她。两个人五年的感情,就结束在一件小事上了,听上去很令人惋惜。

感情就是这样,来的时候山盟海誓,对彼此好得无可挑剔,恨不得将天上的星星都摘下来送给对方。一旦哪天不想爱了,又会决绝地转身就走。悲欢离合,易如反掌。有时候,真让人分不清,那场恋爱到底是真的还是自己的幻觉。可回过头仔细地想,那时候你们明明爱得如胶似漆,感情好得要命,怎么现在就天各一方,成为两条永不相交的平行线了呢?

因为他对你太好了，好到你认为他不会舍得你难过。所以在他离开的时候，你一个劲儿地去后悔、去流泪。你感到内疚，觉得自己应该受到痛苦的折磨。你一遍一遍地回味痛苦，这是你对自己的惩罚。

所有对从前的纠结和对前任的念念不忘，大多都是因为害怕以后不会遇到比他更合适、更好的人。过去是已知的，而未来是一无所知，所以，活在过去比面对未来更有安全感。我们会为自己找各种借口来眷恋过往，因为害怕分离之后一切又要重新开始，而且一切都是未知。

他走得时间越长，你的想念就越深。很多人把恋爱比作罂粟，会上瘾，戒不掉。谁说不是呢？现在的他，对于你来说就是那么难以割舍。

可是就算你再留恋，他也不会跟你重新谈一场让你心动不已的恋爱了，更不会跑过来跟你说："亲爱的，我终于知道我是离不开你的。"

你也知道，他走了就是走了。有些东西一旦打破，就再也拼凑不起来。你们的缘分，在他跟你说再见的时候就已经断了，无论你再怎么想念，他都已经与你无关。曾经属于你的那个他，已经留在过去的时光里，不可能再陪你走进未来的生活。

也许有人会说："你现在是站着说话不腰疼，因为你没经历过刻骨铭记的爱情，所以才会说出这些不痛不痒的话来。"

我刚上大学不久，在郁郁葱葱的榕树下邂逅了我喜爱的男孩，后来我们自然而然地走在了一起。恋爱里没有太多的轰轰烈烈，可是很温暖，那时候我就在想：要是一辈子都这么过下去该有多美好！

后来，时间证明了一切，越是美好的东西越是难以保留。

我们也没能摆脱"分手"的结局。只是时间太久了，久到我都想不起分手的原因。

与他再次见面，是三年后。他对我说："不知道为什么，这些年我总是会想起你。"

说来好奇怪，当时的我并没有想哭的冲动。可能是时光已经让我对过往看得很淡很淡，曾经对他的爱慕也已不在。我知道他说想我，是因为我们是在感情最好的时候，选择了分开。他的想念，也只是想念那段感情里的我们。

04

恋人在彼此没有相看两生厌的时候就离开对方，未必是坏事。刚开始会有一些心痛，会有一些不舍，可他们却在彼此的心中留下了最好的印象。

一段感情中，如果两人都尽力了，结果还是要分开，那只能说明你们之间没有缘分，即使当时勉强地维持了关系，最后也免不了要说再见。既然结果都一样，何不让两人以最好的状态离开？这样两人在彼此的心里永远都是美好的。

开始的开始，你强颜欢笑，假装遗忘；最后的最后，发现他渐渐走远，才明白当初是真的留他不住。

如果你真要挽留这段感情，那就大大方方地去坦白你的想法，不要哭诉，不要乞求，也不要将自己多年的付出一一列举个够，更不要将对方的缺点和不足拿来作为你攻下堡垒的武器。尽量让自己保持优雅的姿态，在不伤害彼此尊严的基础上，努力挽留和争取。

即使结果仍不如意，也不会影响你在他心中的形象，更不会使未来的自己后悔。

几年之后，你回头再看过去的自己，会发现那段感情竟然使你有了翻天覆地的变化。你的内心变得强大了，也比从前更懂得享受生活、爱护自己，最关键的是，你不会再为失恋痛不欲生、四处哭诉，而是总结经验教训，收拾好自己，开始为下一段美好的爱情做准备。

你要相信，付出就会有收获，这个道理在感情世界里同样适用。你难以想象，错过了他，竟然还能成就一个更好的自己。

面对这善变的世界,你要从容

01

凌晨两点,我接到来自丽江的凌萘打来的电话。电话一接通,就听到那边传来的哭声,她用颤抖的声音向我诉说了自己的遭遇和委屈。

"为什么悦悦要背叛我?当初说好的,要一起闯天下,毕了业开间咖啡店,可现在却只剩下我一个人坚守在丽江。"

我是认识悦悦的,也知道凌萘口中说的闯天下是什么,那是她俩在上学时就有的约定。当时她们关系很好,学习、吃饭、娱乐都形影不离,能看到凌萘的地方,就一定可以找到悦悦。

她们经常念叨着要在丽江开个咖啡馆,在阳光明媚的下午,捧着书,喝着最正宗的咖啡,闻着迷人的香气,悠闲地打发着美好时光。每次说这些，她们都会嘴角上扬，好像这个心愿马上就要实现了。

现在想想，年轻真是美好又奢侈。你不会去担忧生计，更没有太多的顾虑，好像有大把时光可以用来做自己想做的事，好像心里所想的就真的会实现。

我当时觉得这两个人真是太爱做梦，早晚会被现实打醒。没想到，她们心心念念的咖啡馆竟然开起来了，这真让我对她们刮目相看了。

其实，凌萦她所说的背叛，也没那么严重。

刚毕业的大学生能将店面开起来就已经非常了不起了。她们既要当老板，又要当员工，从早到晚基本不得歇，更是睡不了几个小时，也就别提睡眠质量了。真是难为了两个柔弱的女孩，为了她们共同的目标，如此辛苦地打拼。

有些人能同甘，但并不代表也能共苦。悦悦终于没能熬过去，最后以要筹备婚事为由回家了。

悦悦走的时候凌萦没多想，她知道悦悦压力很大，想回家休息一段时间也正常，可以理解，就随她去了。

然而，半年过去，悦悦还是没有回来。直到这时，凌萦才恍然明白，当初悦悦走时，就没打算回来。悦悦就这样断然地放弃了她们共同的事业，是的，在凌萦心里，这是事业。

02

悦悦离开后,凌荽一直咬牙撑着,尽力维持咖啡馆的运营。她不再看小说,也不再享受沐浴阳光的惬意,而是将所有的时间都用在了打理生意上。

咖啡馆的名字没有换掉,因为她觉得,只要店还在,这份事业就还是她们一起在打拼的。她平时看起来挺平静的,没想到,竟然在夜深人静的时候给我打电话哭诉,想必是她劝说了自己许久,最终还是不能接受合伙人不辞而别的事实吧!

凌荽说:"悦悦要相亲,要结婚,我二话没说就让她去了。如果她觉得熬不住了,或是有了新的追求,完全可以跟我说呀,朋友之间不就是要掏心掏肺的吗,她为什么要骗我呢?"

我明白她心里的苦。悦悦根本没有结婚,说回家筹备婚事只是一个借口。她真正要回家的原因是家里给她找了个相对稳定的工作,不用每天累得像条狗,不用每天睡不好,不用担心拼死拼活,到最后非但赚不到钱,还要搭进去自己的老本……她输不起,可对朋友开不了口,只好逃之夭夭——这些话悦悦自然不会亲口告诉凌荽。

说到这里,凌荽哽咽得更不像话了。她说自己就是个傻瓜,一旦认准了是朋友,就没有底线地相信和迁就,她把悦悦当成自己最要好的朋友,到头来,对方连句心里话都不肯告诉她。

她笑自己有眼无珠，恨不得抽自己几巴掌。她还想不通，友情为什么如此廉价？

当单纯的感情逐渐被利益浸染，郑重的约定也会变轻，就像阳光下的泡沫，看起来五彩斑斓，却禁不起外界的干扰，稍微一点外力，曾经的美好就变得支离破碎。

等到她心情稍平静一些，我对她说："你不妨换个角度去看，或许这正是她保护你的一种方式呢！也许她觉得，把真实想法说出来会让你更受伤，不得已才用这种方式离开。"

这世上没有什么是一成不变的。人的一生要经历很多阶段，每个人在每个阶段的想法和决定，都会随着时间的推移而发生改变。无论发生了什么，我们总要一直往前走，变得坚强，变得深谋远虑。

再深厚的友谊也可能会变淡，再要好的朋友也可能有离开的时候。然后，我们会渐渐褪去身上的稚气，学会多角度去考虑问题，慢慢地学会理解别人，变得大度与宽容。

03

其实，悦悦的离开，算不上是背叛谁，她只是做出了人生中的一个选择，做出了更为理智的决定，尽管这对于凌萦来说是种痛彻心扉的伤害。

让凌萦难过的,并不是悦悦离开了咖啡馆,她愿意看到悦悦过得好,所以她不反对悦悦有更好的选择。真正让她难过的,也是让她感到被背叛的是,她发现自己一直真心相待的人,内心中真实的想法从来没有告诉过她,甚至还用借口搪塞她。这半年来,每次她询问悦悦何时回来,悦悦都不曾向她坦言事实,这种搪塞让她最伤心。

我有点气愤:"既然你都知道了实情,为什么还能对她这么有耐心?想想看,哪次不是她有事了才找你,没事了就消失得无影无踪。既然你明白,这份友谊已经变质,为何还要勉强维系?"

刚平静下来的她,又哭泣起来:"一定要这样吗?我舍不得那么多年的感情。"

"你要明白,她只是把你当成一个可以帮助自己的人。因为你优柔寡断,留恋过去的情分,所以你才会一直被她'麻烦'。

"随着年龄和见识的增长,你会渐渐明白,真正能成为朋友的人,必须是人生观、价值观等一致的人。不是同路人,吃喝玩乐之后就形同陌路,转身即忘。只有'三观'一致的人才会懂你,珍惜你,才会对你不离不弃。

"悦悦之所以会转身离去,还会一次又一次地'麻烦'你,是因为你们已然不在一个层次上。你要尽快从过去的不快中走出来，学会从容，谨慎处事，有自我追求。别再执迷于过去，才能更好地前行。"

　　这样的故事，每天都在上演着。你发现自己与闺蜜很久都没有好好地坐下来聊天了，煲电话粥的次数也明显减少，甚至连嘘寒问暖的短信都变成了群发内容，她主动联系你都是因为有求于你，你们的电话在不咸不淡的寒暄中迅速结束，对方再也不可能耐心地听你倾诉烦恼。这时的你开始琢磨：你们之间的关系是否还如你认为的那般亲密？你们之前的友情对她而言是否依然重要？到底是什么让你们之间的距离越来越远？

　　人终究会变，这些都无法避免，与其花时间去抱怨和委屈，不如静下心来踏踏实实地努力，让自己成为一个更好的人，你会不断遇见同一层次的对手，与之为伍，快乐前行。

离开任何人，你都可以精彩过一生

01

潘鸽子在微博上写了段话："我愿有一个薄薄的壳儿，安静时，伸出触角感知世界，稍有风吹草动，就躲起来。这是一个向我自身敞开的壳子，在这个小小的世界中，我可以自保，可以仰望星空。"

我看到后沉默了许久，这还是我认识的潘鸽子吗？她怎么变成这样了？

鸽子有一头短发，这头短发总是生机勃勃地跳跃着，有一种极强的律动感，像海葵在海浪中抖动盘旋。她的嗓音像鸽哨般空灵悦耳，她笑起来的时候，两颊会泛起淡淡的酒窝，给人一种看见白鸽从蓝天下飞过时的美感和愉悦感。她的一切，都让你觉得，人与名字十分贴切，真的像一只洁白而活泼的鸽子。

鸽子和我们不一样，不是从高中考上大学的，她是一所中专学校的保送生。因此，刚入学时，她的基础很差，特别是外语。她每天抱着书本硬啃。眉间紧蹙，用力得让人揪心。

靠着这份刻苦，第二个学期，她便考到了全年级第一名，成了当之无愧的学霸。随着她声名鹊起，追求者也蜂拥而至，其中一员便是宋飞，我们年级另一个班的班长。

宋飞几乎使出吃奶的力气才追到才貌兼优的潘鸽子，两个人都特爱学习，特别上进，你帮助我，我帮助你，成了一对模范情侣。我们这些不求上进的单身青年，自然是比不上的。

毕业那年，宋飞考上了公务员，进了省财政系统办公室，而鸽子却高不成低不就，迟迟找不到一份合适的工作。

领派遣证那天，鸽子失声痛哭，宋飞紧紧地拥住她，柔声地说："工作慢慢找，一直找不到，我就养你一辈子！"

不得不承认，那时年轻的我们，对这样的山盟海誓毫无免疫力，鸽子哭了，在场的很多女生都哭了，包括我。我拿着派遣证，手颤了一下，胳臂上的汗毛都感动得竖了起来。

后来，宋飞和鸽子就杳无音讯了，直到今年，毕业十周年，天各一方的我们才重新添加了彼此的联系方式，而我也才知道鸽子的近况。

02

鸽子和宋飞结婚了，这在我们意料之中，有情人终成眷属。但是，他们最终却离婚了，这让人大跌眼镜。

"为什么？"我在QQ上问鸽子。

她半晌才回我："如果你不嫌烦的话，可以看看我这些年写的日志，我和他的过往都在里面。"

她给了我密码，我屏住呼吸，打开了她那薄薄的壳子，开始阅读她这些年的心事。读了没几篇，我的心就开始隐隐作痛。

她所有的文字都围绕着三个字：安全感。与宋飞在一起将近十年，她说这是她一生中最惊心动魄的十年，也是最缺乏安全感的十年。

这年头儿，人人都在说安全感，但安全感到底是什么？宋飞是当了公务员，可是基层公务员的薪水其实很微薄，根本就养不起他和鸽子两个人，只是宋飞对鸽子隐瞒了实情。

鸽子毕业的头一年没有工作，她专心考研，宋飞也同意。考虑到经济的问题，他们两个人同居了，宋飞每天上班，而鸽子蜗在家里拼命复习，给宋飞做饭、洗衣、收拾屋子，像个田螺姑娘。

她必须让自己忙碌，否则就会胡思乱想：宋飞为什么不给我打电话？为什么不回家吃晚饭？为什么没有发现我换了发型……她的世界越来越小。

生活很快暴露了残酷的真相：鸽子的爸爸得了腰间盘突出，需要一大笔钱做手术，打电话来找她要钱。

她放下电话失声痛哭。自己没工作的事，家里人并不知道，她还跟他们说，自己找了一份很不错的工作，是在一所大学里当辅导员。

晚上，鸽子忐忑不安地告诉了宋飞，宋飞眉头紧皱，那笔钱对他来说也是天文数字。

鸽子看见宋飞迟疑了，着急地说："怎么？你不愿意帮我？我爸爸需要拿钱救命呢。我谁都不能指望，只有靠你了……"

宋飞窘迫极了，过了半晌，还是摇摇头。

"宋飞，跟你在一起我很没有安全感。我每天都怕你工作不顺心，怕你不高兴。我总是看着你的脸色，小心翼翼地说话。我活得太憋屈了……"

她的话还没有说完，宋飞一拳就砸向了墙壁，手背上鲜血淋漓，鸽子尖叫一声，旋即捂住了嘴巴。

"你没有安全感？我有吗？这一年多，我承受了多大的压力，你知道吗？我的工资有多低，你问过吗？我把三张信用卡都刷爆了，只为了给你买花、买衣服、买戒指，给你过生日，哄你开心！我为了挣钱，去炒股，股票又被套，现在负债十几万，这些你都知道吗？你什么都不知道！"

宋飞跌跌撞撞地跑出去，喝了酒，半夜才回来。鸽子已经不在了，她的复习资料全部化为了灰烬。

鸽子烧了书，她不再考研了。宋飞说得对，爱情里什么都有，就是没有所谓的安全感。

"我不能没有你"是爱情故事里的经典台词。太多人对爱情的理解都是错误的。有人把依赖当成爱，有人把爱自己当成爱别人，有人付出一切以控制爱人。他们以为那些就是爱。

爱人不是一件物品，是活生生的人，会改变会成长，试图控制的一方总会焦虑不安，没有安全感。离开谁你都能活得很好，只是你已经享受到被爱的美好，深深地陷入了害怕失去的恐惧中。你坚信离开另一方后你会活不下去。可那不是爱，或者说爱已经变质，变成了一种恐惧。

03

鸽子后来平静地回来了，她连夜制作了简历，第二天就开始投递，在经历了无数次碰壁之后，她进了一家杂志社当编辑。

第二年，她和宋飞结婚了，婚礼办得很隆重，为了所谓的面子，两人再次负债。

"你们后来为什么离了？"我迫不及待地问她。"我还是没能找到我要的安全感……钱越赚越多，我们还清了债务，生活却没有变得更轻松。宋飞忙起来以后，回家的次数越来越少……宋飞说和我在一起太累，我老是跟他要安全感，他觉得他已经给了，可我却感觉不到，我们命中注定要分开……"

"你还爱他吗？"我试探着问。"不，说不上爱或者不爱……我从小就缺乏安全感。父亲去上班，常常把我一个人锁在屋里，黑洞洞的，我多想有人破门而入把我救走……我以为宋飞是那个人，起初我很依赖他，觉得他是我的王，能够为我赴汤蹈火，解决一切问题……可事实证明，他不是，我等的那个人老也不来，我可能等不到了……"

眼泪悄悄地爬出了我的眼眶，我忍着不让自己哭出声："你现在工作、生活怎么样？"

"我的工作就是生活，我当了主编，收入是过去的十倍。我平静了，再也不用等谁来救我了，可能，这就是我想要的安全感。"不要怪别人没能给你安全感，安全感从来都是自己给的。当所有你害怕失去的东西，自己都能给予时，你就握住了安全感。

你忙吧，不用回我信息了

01

今天和朋友小六共进午餐，她说自己最近好像喜欢上了隔壁部门的一个男同事，在公司的酒会上好不容易才要到了他的微信，前几天晚上给他发了条信息，到现在也没有得到任何回复。

小六说："他是不是没玩微信？还是手机没网了？怎么一直没给我回复，弄得我这几天总是拎着心肝，睡不安稳。手机要是有一点儿动静，就迫不及待地去解锁查看。我现在总算明白了，等待自己喜欢的人回复信息，真是一种煎熬。"

我笑了："傻姑娘，他不是没有看到信息，他只是不想搭理你而已。即使你耗尽了所有心思，不想找你的人还是不会来找你的。"

你若是给一个人发了信息,他隔了好几天都没有回复,只能说明你在他心里,就是个无足轻重的人。聊天记录往往最能反映两人之间的关系,谁是主动的一方,谁的态度冷漠无趣,瞬间就能一目了然。

在乎你的人不会让你等太久,而不想理会你的人,对你的主动和问候历来是无动于衷的。

02

前段时间,公司来了个实习生F。

开会的时候,领导不止一次地提醒我们,一定要及时查看工作群里的信息,并做到及时回复。

有一次,公司临时接了个重要项目,领导在工作群里给每个人都布置好了工作任务。大家一一回复以后,都各自忙活去了,唯独实习生F一直没有回复消息。随后,领导电话打过去一通训斥,实习生F还很委屈地说她在忙着做PPT,消息是看到了,只是没空回复而已。她压根儿没意识到自己的问题。可能对于F来说,按时完成交付的工作任务才是首要的,至于回不回复信息,其实都只是小事而已,领导没必要发这么大脾气。

及时回复信息,让领导放心,是一种对工作负责的表现。或许她认为自己没有回复信息没什么问题,可是在别人眼中,她就是一个做事没有责任心的人。

实习生F因为不及时回复信息的习惯，给公司管理层留下了工作怠慢的坏印象。后来，当公司内部空下一个转正名额时，她甚至都没被列入考虑名单之内。

及时回复信息，是一种基本的礼貌，也是对他人最基本的尊重。

03

东东说，有一次他给一个好久不见的旧友发信息，约他晚上一起吃饭，对方却没有回复他。东东本以为他在忙，想着对方过一会儿就会回复自己，所以没有特别在意。后来，东东在餐厅里一直等朋友的信息，等到很晚对方也没有回应。

在等待朋友的过程中，东东想了很多，他是不是不想和我吃饭？是不是觉得没有必要浪费时间和我维持这段朋友关系？终于，他忍不住给朋友拨了电话。朋友在电话那头漫不经心地说："信息是看到了，但是忙起来就忘了回复。最近几天都在加班赶方案，确实没时间。"

大概这个朋友并没有及时回复信息的习惯，看过的信息都用意念回复了，却从来没有考虑过发送者的心理感受。

那一刻，东东觉得心里特别不是滋味。即便再忙，也不会连看一眼手机屏幕,打个招呼的时间都没有吧。要是他不能赴约,给个明确的答复,真的没有关系。就这么一声不响,让别人费尽心思地猜测,那种感觉才最折磨人。

我特别欣赏一个长辈,每次给他发信息,都能收到妥当的回复。有时候信息回复不及时,他会加上一句"抱歉让你久等了"。敲出这几个字并不费多少时间,却能让屏幕另一端的人心头一暖,明显感觉自己得到了对方足够的重视,这就是情商高的一种表现。

对于我们而言,重要的不是对方是否能做到"秒回信息",而是他到底有没有一颗愿意和我们沟通交流的心。

04

你一定有过这样的体会:给微信里的人发了条信息,等了大半天,却迟迟等不来他的回复。

你开始为对方搬出各种各样的理由,或许他在开会,或许他在忙工作,或许他的手机没有开流量……对方拖延回复的时间越长,你的心情越是焦虑不安。

后来,刷朋友圈的时候看到对方回复了别人的动态,你才醒悟过来,原来他并不是没空回复我,只是你对他而言无关紧要罢了。

你删除对话框,放下手机,再也提不起和对方聊天的兴致了。

最令人难过的,莫过于对方连敷衍你的心思都没有。他不是忘了回复你,而是从来没有把你放在心上。

如果你给一个人发送了信息却迟迟得不到他的回复,那就不必再去打扰他了。因为他对你并不上心,你给他发出的每一条消息,向他传递的每一份真诚和善意,其实都没有任何意义。

我们的热情有限,一定要用在那些在乎我们的人身上。珍惜那些会及时回复你信息的人,因为他们心里有你,从来不愿意让你感到难堪和被忽略。而对话框里显示的"对方正在输入"的提示,就是他们对你最温暖贴切的回应。

时刻为他人着想,为他人考虑,才是一个人成熟的标志。尊重一个人,就从用心对待他的信息开始。

相处不累才最重要

01

微信上收到一位读者朋友发来的消息。她说自己的男朋友情商很低，感觉和他谈恋爱实在太累了。

她说："男朋友以前追我的时候倒还好，每天给我发无数条消息嘘寒问暖，还不时送礼物，简直就是完美恋人的化身。没想到，他把我追到手之后，就完全变了一个人，越来越不懂得珍惜我的好。每次吵完架，他也不会主动来哄我，我越来越觉得自己像是在跟一个孩子谈恋爱。单身的时候，看着身边的情侣们秀恩爱，还无比羡慕他们，做梦都想找个对自己百般呵护的男生。可有了男朋友以后，却发现相处起来特别累，还不如单身时过得潇洒快活。"

我问她："既然这么累，难道就没有考虑过分手？"她说，其实之前两人也分开过几次，但好歹也谈了这么长时间，感情还是有的。没过多久，男生来找她，她忍不住又跟他和好了。她坦言，在这段恋爱关系中，自己过得很辛苦，明知道和男朋友很难有未来，却又害怕分手后的孤独，所以心里很矛盾。两个人就这么一直互相折磨着，合不来，却也分不开。

宁可守着一段错误的感情，也不愿意回归到单身的状态中去，这就是很多恋人目前的状况。

02

之前和一位朋友喝早茶，他向我抱怨自己的女朋友是个难以相处的人，经常会因为一点儿小事和他吵上半天。他说，这份爱几乎把自己压得喘不过气来，感觉自己就像找了一个负担。

朋友当初痴迷于网络直播，经朋友介绍，认识了现在的主播女朋友。追女朋友那阵子，他每天在直播平台上殷勤地给她留言，还花了不少钱给她刷礼物，只为了引起她的注意。他说每当看到"女神"那迷人的笑容，就觉得自己的一切付出都是值得的。

最后，他终于把"网红"主播追到了手。可一段时间相处下来，他发现女朋友并不如表面看上去那般乖巧，动不动就会对他发脾气，让他感到十分憋屈和压抑。

因为彼此观念不和，两人三天两头就会爆发冲突。有一次，两人吵得凶了，朋友直接丢出"分手"两字，女朋友气得把他送的iPhone7直接摔得七零八碎，扭头就走，再也没回来过。

正如那句话所说的，乍见之欢，不如久处不厌。

很多时候，两人分手并不是因为不爱了，而是矛盾接二连三地出现，导致两人再也没有办法相处下去。要知道，即便是拥有再多的爱，也很容易被生活中那些琐碎和负面情绪一点一点地消磨掉，最终形同陌路。

03

经常听身边的人抱怨说，谈恋爱实在太累，要费尽心思地与对方相处，要照顾对方的感受，要包容对方身上一切的不完美，麻烦至极，倒不如自己一个人过得省心自在。

热恋时你侬我侬，对方的一切缺点在自己的眼中都显得可爱迷人。可当两人的情感趋于稳定之后，却发现彼此之间有太多不合适的地方。这时候，能否给予对方理解和包容，与对方融洽地相处，才是决定你们这段感情能否维系下去的关键。

几个月前，公司财务王姐生了一场大病，我和同事们约了一起到医院去探望她。

进门后，我看见王姐的老伴在病床前一勺一勺地盛着粥，然后细心地给王姐喂食。王姐不小心把杯子里的开水打翻了，弄湿了一床被单，老伴一声不响地从柜子里拿出一套新的换上，没抱怨半句。

我们几个小年轻看了都十分羡慕和感动。

久处不厌，才是一段感情最好的状态。

04

当你在一段感情中屡屡遭遇挫折，并且感觉到难以为继，或许是因为你遇上的并不是一个对的人。你不应该满腹怨念，把这一切问题归咎于爱情本身。

我有一个亲戚，他和太太结婚已二十年，日子过得平淡寻常，几乎没有发生过真正意义上的矛盾。他的太太不会洗衣，不会做饭，可他依然包容她。两人吵架的时候，他就跑到外面去买太太爱吃的东西，然后悄悄地放到餐桌上。太太一看，气消了一半，这事儿就算过去了。

在一段感情中，两个人需要磨合，肯定会经历各种"累觉不爱"的时刻。在恋爱和婚姻中提升自身的情商，找到与伴侣之间最合适的相处模式，也不失为人生中重要的一课。

当你意识到这段感情带给你的伤害远远大于快乐，终日让你感到心力交瘁、寝食不安时，劝你还是趁早放手吧！真正心疼你的人绝对不会让你受累,那些让你在感情中饱受委屈的人,并不爱你。

好的感情能让你的心头泛起阵阵暖意,不适合的关系对于双方都是一种无意义的损耗。当你见过太多的聚散离合,经历过太多失望和不被理解的滋味,你终会明白:相处不累才最重要。

若你没诚意，宁愿我们再不相见

01

有一次，我去参加小学同学会，跟最后一个人告别之后，莫名其妙地想到一句诗："故人笑比庭中树，一日秋风一日疏。"

其实这样的感叹与年龄无关，不过是走着走着忽然想要回头看看，却发现原本走在你旁边的人，或者说你以为走在你旁边的人，早已经不知去向。

每一次同学会，都会让我怀疑自己的记忆是不是出了问题，曾经那么亲近的人，却前所未有地感到陌生，好像从未相识。可是，当年的影集、日记和同学录都在提醒你，你们曾经是多么要好的朋友。

当年一心扑在学习上，每天都邋邋遢遢的女同学，现在变成了精于打扮的新潮女郎，双眼上挂着厚重的假睫毛，手指尖镶着许多水钻。她热情地向女同胞介绍了某一款面膜，末了装作不情愿地叹口气说："要不是看在这么多年老同学分儿上，我才不会给你们分享代购面膜这条财路呢，要是想加盟，我可以给你们引荐，花不了多少时间。"

当年老实沉默的男同桌，平日里话都说不上几句，荣获三好学生被表扬的时候偷偷红了脸，低着头用蚊子一般的声音自言自语："这没什么大不了的。"

同学会上他握着一罐啤酒，连嘴角的泡沫都来不及擦掉："我跟你们说，西直门外那个皇冠酒店知道不，是我兄弟开的，你们来北京一定要找我，免费住。"

然后，他顺便提到了在北京认识的"神人"。他说他们的关系多么多么要好，恨不得每天都穿着同一条裤子。

当年跟我喜欢过同一个男生的小女孩，曾经将自己的早饭钱省下来，只为买辆卡丁车模型送给那个男生。如今，她早已嫁做人妇成为全职太太，得意地炫耀她倒追那位富二代的奋斗史，用不容置疑的口吻对我们这些自食其力的上班族说："女人啊，自己再优秀，奋斗多少年都没有用，不如嫁个好人家。"

当年一起在雨里疯跑，捉青蛙、捕知了，爬树、下池塘的女生，如今穿着高档时装，挺直脊背坐在一边，在服务员俯身清理她桌面的时候，她带着嫌恶的表情皱起眉头。

这世上距离最为遥远的并不是海底的鱼和天上的鸟,而是曾经无比熟悉的人坐在你对面絮絮叨叨,每一个字你都能听懂,却不知道他在说些什么。

02

我不知道时光会让我们变成什么样的人。

青涩的人不再害羞,温柔的人不再懦弱,开朗的人不再没心没肺,这些都是时光的赠礼。而有人添了细纹,有人胖了腰身,有人眉梢挂了疲惫,有人唇边带了圆滑。不过是买一赠一的固定搭配。没有人能够永远站在时光的原点,或者在自己一边向前走时还一边指责别人:"你变了,不再是当年的你了。"

当年的我们从来都不曾留意过彼此真正是什么样的人。你知道他逃学、顶撞老师,可是不知道他有怎样一份正直的热心肠;你知道她聪颖、伶俐、成绩好,却不知道她偏执、刻薄又虚荣。

你以为他们都变了,可是明明这才是最真实的他们。他们以前给你留下的印象,不过是你看到的表象。

那时,我们连自己的人生观、价值观都没有,也没有太多可以自己选择同桌或同班的权力;那时,我们讨论的话题永远是学习、学校的老师、明星;那时,我们的世界还都简单纯粹,像是经不起碰撞的七色琉璃。

而我更喜欢的，是自己的成长道路上选择的、已经不那么纯粹美好的情谊。

这时候的选择，已经不仅仅是放学后一起回家，一起去看喜欢的男生打篮球。而是在用自己的价值观开始默默衡量这个人，看看他是不是像你一样，讨厌大话和吹嘘，是不是像你一样赞同自食其力，是不是像你一样对所有靠努力换来的工作报以同样程度的同情；看看他是不是像你一样，即便承认这世界有百般不好、千般不是，却一如既往地热爱它。

03

从前总是认为，不管是友情还是爱情，都应该是凌驾于现实与人性之上。我们是好朋友，就一定会像电视剧里一样，愿意为对方挡枪子。我们深爱着彼此，便会因为这份爱而情愿抛弃身边的所有，心中和眼里唯有对方。

至于在友情里说"今天吃饭AA"，在爱情里说"我爱你，但是，我需要有自己的空间和时间"……都好像是一部纯美小说里的败笔，像是初春清新画面中土气而又残忍的一笔。

所以，我们一边追忆着不谙世事的童年，一边怀念着不再回来的纯真友谊和青涩爱恋，一边打个哈欠百无聊赖地玩着手机,一边后悔为什么要来参加这场"装腔与作势齐飞"的同学会。

成熟之后才发现,我们变得无比现实。现实就现实吧,没什么不好。至少我不用在别人面前藏起自己的刻薄、懒惰和偶尔的悲观,至少你不用在我面前装出天真、勤勉和什么都不在乎的潇洒。

最好的友情或者爱情,不是我并不需要知道你到底是个怎么样的人,而是明明知道你所有的弱点和缺点,还依然愿意跟你在一起。

所以啊,我年少时期的老朋友,我如何舍得与你重逢,宁愿我们再不相见。把当初的青涩懵懂,把当初的天真年少,把当初拜把子时的豪情留在你心中。那是我们永远不能回去的纯真年代,是一块已经被时光尘封永远无法追回的琥珀。

也好比再见你时,尴尬地发现我们的人生观、价值观南辕北辙,最后告别的时候说"再联系,改天一起吃饭",心底却叹一口气:"这不过是一句客套话而已。"

谢谢你没把我从微信好友里删除

01

我的微信好友有三千多个。

那天,在咖啡馆等人的时候,闲来没事,就打开微信清理了一大拨人。

不少好友都是在莫名其妙的情况下加的,有的甚至连面也没见过,我却每天都能在微信朋友圈里看到他们的消息。我把那些无关紧要的人从好友列表里移除以后,留下了一部分在生活中有过来往的人。

这些人大多是我以前工作上的伙伴,或是多年不见的朋友,还有一些是有过一面之缘的过路人。明知没有什么意外的话,应该不会再主动联系对方了,但还是愿意让他们占据着列表的空间,没舍得下手删除。

或许是因为，他们或多或少地参与过自己的生活。选择把他们留在通讯录里，并不是为了日后方便联系，更多的像是一种相遇过的纪念。

02

有一次，约了朋友小麦去吃烤肉。

在等待肉熟的过程中，他一直在埋头发着消息。我好奇地问他："认识你好几年了，怎么还在用着这部旧手机？不卡顿吗？"

他说："这部手机是前任攒了很久的钱给我买的生日礼物，里面存了我们之间所有的聊天记录，对我有着很重要的意义，所以一直没舍得换。"

小麦和前任分手以后，他一直没有把她的号码和微信从手机里删去。半年前，两人的婚事遭到了家里人的反对，原因是小麦的经济条件不足以让他在这座城市买一套房子。后来，前任顺从了父母的意愿，离开了他。

每当夜深人静的时候，小麦都会一个人默默地听前任给他发过的语音，想着两人要是还能像当初一样恩爱甜蜜，那该多好。

小麦一直没舍得把前任从好友列表中删除，当他想她的时候，总会打开微信看看她的头像，寄托一下这份思念。

对小麦而言，前任这些年来换过的每一张头像，用过的每一个昵称，写过的每一句签名，都藏着他那一段忘不掉的青春岁月。

曾经每天腻在一起，以为这样下去就是一辈子，没想到一个转身，就成了回不去的昨天。

03

每个人的好友列表里，总有一些舍不得删除的人。

他们可能是你过往的恋人，曾经的挚友，好久不见的同学，和你聊得来的同事，对你百般照顾的上司。

那些在视野里消失了很久的人，几乎让你差点儿忘了他们，可他们的联络方式却一直留在你的通讯录里，好像是为了证明他们曾经出现在你的生命中，哪怕如今早已咫尺天涯。

有时候也会想，若是他日再次相逢，彼此间还能恢复从前那种熟络的关系吗？恐怕是很难了吧。

记得有一次，我的手机忘了锁屏，不小心触到了一个久未联系的旧友的号码。不得已之下，我只得硬着头皮站在马路边和他寒暄了半天。放下电话以后，我忍不住在心里感叹，当年我经常和他一起爬山打球，喝酒"撸"串，关系好得连各自的家人都知道对方的名字。后来，他离开家乡，北上创业，彼此就断了联系。相隔多年后再次通话，彼此间好像存在着一道看不见的鸿沟，我突然明白，我们再也不可能回到当初了。

正如周国平所说："原本非常亲近的人后来天各一方，时间使他们可悲地疏远，一旦相见，语言便迫不及待地丈量着疏远的距离。人们对此似乎已经习以为常，生活的无情莫过于此了。"

有时候，就算我们在路上意外遇见了那些久未相见的朋友，也会装作素不相识，绕路而行，其实只是为了避免那些不必要的生分与尴尬。

这么多年未见了，不论他们现在过得好不好，都和我们无关了。

有些人，走着走着就散了，连个正式的告别都没有。在茫茫人海中，我们各自转向，互不打扰。

04

董卿曾说过一句话："其实当我们有一天，在回忆过往遇到的这些萍水相逢的人，如果我们能够想起来更多的是一份单纯、友好和善良，这就是我们的幸运。"

生命中的好些人，来了又走了，能常伴在自己身边的，毕竟是少数，更多的人留在了我们的通讯录里，留在了那些短暂的岁月中。

想起他们的时候，就去看看他们的微博，翻翻他们的朋友圈，静静地旁观他们的生活近况。对于那些随着时间和环境的变化而慢慢疏远的人，我们早已失去了打扰的理由。

我们都清楚，人与人之间一旦疏远了，不论往后再怎么刻意维系，关系也很难变得亲近自然。

望着那些从我们的生活中渐渐远去的人，也只能无声地祝福他们：愿在我看不到的地方，你也能过得比从前更好。

第四章

每个孤独的人都值得被看见

愿所有的负担都变成生命的礼物

01

周六坐地铁,旁边的一个女生一直在打电话,整个车厢里都是她哽咽的声音。她说自己孤身一人在异乡漂泊,举目无亲,找工作也屡屡碰壁,觉得这样的人生毫无意义云云。

我到站时看了下表,三十五分钟,她哭诉了整整三十五分钟,直到我到站离去,她仍然在继续。

我在想:这女生的运气真够好的,也不知道电话那头是谁,怎么会耐着性子忍受她如此之久的摧残?

在你看来,世界上只有你活得最辛苦,遭遇最惨。等再过几年,你就会发现,其实每个人都会遇到各种各样的困难,靠近一看,每个人都是遍体鳞伤。可是,他们仍旧带着笑容,从容地面对这个世界。那是因为他们的内心已经变得强大,能坦然接受生活的考验。那些考验是前进的另一种形式，可以教会你如何与这个世界和平相处，如何让自己免于受伤。

在公众场合，你毫无顾忌地将伤疤揭开示人，强行让周围的人倾听你的哭诉。先抛开别人对你的看法不说，你不远万里来到这儿，难道就是为了跟家人汇报你怎么受苦的吗？除了受苦就再没有其他收获了吗？当然不是，你是为了过上更好的生活、实现心中的梦想才来的。你在选择离家之前就该想到，外面的世界并不是金砖铺地，你此后的经历很可能会是悲惨或者痛苦的；从你准备出来闯荡时，就要做好心理准备，充满竞争的世界是残酷的，你只有去承受、去隐忍、去坚强，才能逼自己适应所有的一切。

是的，你已经不是一个孩子了，要学会面对生活的艰辛。

02

让我们迷茫或痛苦的并不是事情本身，而是我们的心境。你可以试着换个角度看那些痛苦：你若将它看得很重，它便会时刻纠缠你，压得你喘不过气来；你若将它看得很轻、很淡，它就会消失得无影无踪，对你造成不了什么大的影响。

人上了年纪通常就变得唠叨起来，会反反复复提及往日里发生的琐事，唠叨的次数越多，记忆就会越深刻，仿佛只有这样，他们才不至于将过往的人和事忘掉。同样的道理，如果你不停地强调漂泊在外的艰难，只会加重你的痛苦。

人只有心境发生改变，看待事物的眼光才会改变。只有转换角度，视野才能真正开阔起来。

人生在世，谁没有艰难的时候？你现在吃的苦，别人也吃过；你现在流的眼泪，别人也流过。所以你不必将自己的脆弱展示出来。

没有哪个陌生人会无缘无故地上前安慰你；也没有哪个素不相识的人会为你递上一包纸巾，提醒你注意形象；更没有人会语重心长地开导你："孩子，不要哭了，换个角度看世界，你会发现它其实很美丽。"

初入社会，迷茫是少不了的。现在的你认为这个世界很不公平，认为别人的生活都比你舒适。你独自一人身处陌生的城市，总有一种被抛弃的感觉。尤其是当你看到别人和好友挽着胳膊从你身边经过的时候，你心中充满了嫉妒——他们面带微笑，好像从来都没有烦恼过。当别人津津乐道于工作的乐趣时，你又会投去羡慕的眼光，好像他们从来不为找工作发愁。再看看你要好的大学同学，她虽然远嫁他乡，可过得幸福甜蜜，你又忍不住感叹：真幸运啊，她怎么就嫁了个这么优秀的男人！

其实，他们能过得这般快活，并不是因为他们比你幸运，而是因为早在你之前,他们就经历了你现在所感受到的一切,他们有过艰辛,有过痛苦,只是咬着牙挺了过来,才有了今天的快乐与幸福。

03

大家都是一样的,都会有这样或那样的苦恼,就像叔本华说过的那样:"一切生命的本质,就是苦恼。"

如果你继续这么颓废下去,试图将所有的辛酸和挫折告诉身边的每一个人,那你真要永远孤独下去了。这是一个恶性循环,你越是沉浸在痛苦里自伤自怜,就越是无法找到突破口。并且,这个世界上没有谁愿意跟祥林嫂式的"倾诉狂"交朋友,因为那样无异于把自己当成对方情绪的垃圾桶。

不妨换位思考一下,我们都希望身边的人能分担自己的烦恼,为自己带来快乐,如果你不能给别人带来快乐,至少也别给人家增添烦恼吧。

倘若你用心去观察,就不难发现,成熟的人不过是会以一种妥当的方式来处理自己的负面情绪,使之不会影响到其他人而已。

在岁月面前,每个人都是弱者;在生活的磨砺下,每个人都有伤疤。每个人都会有痛苦或迷茫,但这痛,是生命赐给我们的礼物，痛过之后，才会更加珍惜快乐与幸福。

感谢那些伤疤，感谢那些坎坷，是它们教会了你如何与这个世界和平相处。

但愿所有的负担都变成礼物，所受的苦都能照亮未来的路。

请给我一点"不知道"的余地

01

对于喜欢把"我只告诉你哦"当作口头禅的人,我向来敬而远之,因为我不能确认他是否真的把某件事只告诉了我,我也不能确认自己是否会无意间把这件事泄露出去。

另一方面,如果倾诉者告诉我的是"我准备篡改单位同事的进货单"或是"我好想给他脸上泼一杯硫酸"这种考验良心的事,我也不能保证自己会像个神父一样心安理得地守口如瓶。至少要狠狠地纠结几天,仔细观察一下这个人是不是真的打算把他邪恶的想法付诸实践。如果是的话,我又要怎么办呢?

我确实不知道如何是好,好在我至今还没遇到过别人要我替他保守秘密的事。不过,我的朋友P小姐就没那么幸运了。前几天,她偶然遇到一个高中男同学,无意间陷入了这个男同学"我只告诉你哦"的倾诉怪圈,就此进退两难、无法抽身。

这个男同学有一个女朋友,也是P小姐的同学。他们三个人曾是无话不说的好朋友,直到另外两个人成了一对,P小姐便自觉地退出了三人行。

老同学见面自然分外欣喜,P小姐礼节性地问了一句:"你们现在好吗?"

男同学没有立即回答,而是热切地邀请她去喝杯咖啡叙旧。

在咖啡厅,男同学滔滔不绝地讲起了他跟女朋友的恋爱史,各种磕磕绊绊和风风雨雨,真是一言难尽。最后,男同学说女朋友如今变了很多,早已不似当年那般体贴。尽管P小姐再三暗示,这些话不该在她面前说,但还是挡不住男同学的抱怨。

最离谱的是,男同学居然告诉P小姐他非常欣赏一个刚认识的女孩,并有了交往的打算。

末了他说:"这些话我只告诉你,咱们多年的老朋友了,跟你聊天真高兴。"

P小姐在心里说:"你是高兴了,我可一点都不高兴。"

她为此犹豫纠结了很久,不知道要不要把男同学的话告诉他的女朋友,哪怕只是旁敲侧击也好。

P小姐把这件事告诉了我,想征询一下我的建议。

她焦灼地说:"我不能装作不知道吧,万一他们就这样分手了，岂不是我的罪过了？"

我一时间也拿不定主意，她最终下定决心："算了，还是约我那个女同学出来谈谈好了，我尽量说得委婉一点，她应该不会受不了。"

据说她们的长聊非常奏效，那个女孩像感念恩公一样拉着P小姐的手道谢："谢谢你提醒我，果然还是闺蜜最好。"

可是没过多久，P小姐就发现自己在微信通讯录里被那位男同学和他的女朋友一同拉黑了。她觉得这事很蹊跷，经过多方打听才知道，那对情侣又和好了，而且矛头一致地把她视为"看见别人感情生活不顺就幸灾乐祸的八婆"。

大概是人家小情侣床头吵架床尾和，而P小姐则莫名其妙地被牵扯进来充当了"炮灰"。

这件事之后，P小姐咬牙切齿地对我们一众闺蜜说："你们今后的感情生活再也不要告诉我。我不想当传话筒，也不想为保守你们的秘密而把自己憋成内伤。"

02

P小姐给我们讲了另外一个插曲。

P小姐的一位闺蜜想请某位明星给自己朋友的咖啡店做宣传，而这位明星正好与P小姐的公司合作着一项广告业务。

闺蜜在饭桌上的闲聊中拜托P小姐："能不能帮忙拍一张W（即那位明星）在我朋友的店里喝咖啡的照片？布景什么的都无关紧要，到时可以修图，只要明星表情到位就行了，就是那种'很好喝、很满足'的表情。"

P小姐含蓄地解释了公司关于"不能利用私人关系接近艺人"的明确规定，闺蜜立即露出一副质疑和失望的表情，不悦地说："原本以为你做到现在这个职位还不就是一句话的事，没想到居然这么麻烦啊。"

这顶高帽子让P小姐哭笑不得，最终还是答应帮闺蜜一次。于是，她拉着脸皮奔走了几个部门，终于约到那位明星到闺蜜朋友的店里拍照片。

事情办妥了，闺蜜也露出了满意的笑容："我就知道你最好，其实我那朋友当时说你不会答应的，可我就知道，只要我一开口，你一定会帮忙。"

听到这里，P小姐顿时觉得一阵堵心，她很想反问一句："连别人都觉得我为难，不愿意勉强我，你怎么就忍心强人所难呢？"最终想想还是算了，毕竟不为公事为难私交，并不是人人都有的美德。

其实，很多人都有过类似P小姐的这些经历，被老熟人、老同学、老朋友所谓的知心私话和深厚交情所绑架。

我希望，他们再次陷入这种绑架中时，能毫不畏惧地对绑架者说出这样的话。

没有人是你的心灵树洞，可以毫无反应地听完你的故事然后当作什么都没发生。你无意间丢下的一颗石子，永远不知道它在听的人心中会激起什么样的涟漪。

你抱怨别人不肯爽快地帮忙，抱怨别人连你的心事都不愿意听，抱怨别人不肯跟你同仇敌忾。

可是有时候，是因为别人原本就不应该听到你的"秘密"和"心声"而已。

倾诉是一种选择，而尘封并释怀却是一种勇气。

所以，不管你心里有着怎样的秘密，不管你过得好不好，当我礼貌地问候"最近如何"时，如果你一个人还扛得住，我希望你能回给我一个微笑说"还不错"。

直到很久以后，你自己也能笑着讲起当初的纠结、怨恨、伤心、绝望，我会多么高兴看到你已慢慢痊愈，而不是故意露出伤痕给我看。

生活已经有那么多不如意了，就让我们留一点给自己、给他人"不知道"的余地吧。

你的勇气原本价值连城

01

远在深圳的C小姐传出恋爱的消息时,所有与她熟悉的人都觉得这一定是个同名同姓者引发的误会。直到她晒出跟F先生幸福的合影,微信群里才一下子沸腾起来。

"小C好厉害,还是把F先生追到了手,棒棒的。"

"幸福来之不易,要珍惜啊。"

"勇敢的姑娘值得被爱,继续加油。"

群里冒出了各种各样的祝福,而另外的一些人则如同我一样,装作没看见、没听见,不知道该对这样一份感情表现出什么样的态度。

C小姐性格腼腆而谨慎,她大概从未料到自己也会做出横刀夺爱的事。

她与F先生结缘于一次普通的公司聚会，他们之前见过几次面，都是寒暄之后转眼忘。那次聚会中，他们了解到彼此都是足球迷，就一起找了个借口离开聚会，找了个地方专心看足球比赛。

当喜欢的球队快要进球的时候，C小姐雀跃地叫出一声"Yes"。她一抬头，看到F先生正用灼灼的眼神盯着她。

很快，她就投降在F先生温柔又猛烈的攻势中，为他买衣服、选鞋子、做羹汤，俨然一副幸福小女人的姿态。直到她发现，F先生借口"怕她累着"而不带她去参加各种朋友聚会的原因，竟然是他原本就有一个女友，一个恋爱四年正准备订婚的异地正牌女友。

知道真相后，C小姐无法容忍，决定分手。F先生痛哭流涕，苦苦挽留："我真的是爱你的，只是她对我很好，我不忍心跟她提分手。你给我时间，我一定会想办法，相信我，我最爱的人是你。"

02

F先生的"不忍心"，一拖就是一年。在这一年中，C小姐每一次问起，他都会带着为难又纠结的微笑安慰她说"别急，快了"。C小姐被爱情冲昏了头脑，始终坚信F先生是爱着她的，只是没有勇气跟女友摊牌。

我不知道C小姐在漫长的等待时光中是否纠结过、不甘心过和后悔过。我知道的是，怯懦如她，为了捍卫自己的爱情，竟然变得像头母狮子般勇猛。

她第一个波澜壮阔的举动，便是陪着F先生去跟正牌女友摊牌。正牌女友气急败坏，扑过来打她，一边的F先生想要拉住，最终却只是僵在原地，连劝解的话都没有一句。C小姐像是一个勇敢的壮士，不躲、不闪、不还手，硬生生挨了两个耳光。

正牌女友显然也没料到C小姐会如此淡定，一时间愣住了。C小姐冷笑一声，看着她说："你打够了吗？这两个耳光，算是我替他受的，从此以后他不再欠你，你们情债两清了。"然后拉着目瞪口呆的F先生扬长而去。

这是C小姐从小到大头一次被扇耳光，但她认为这是值得的。她发在微信群里的那张照片，满满都是胜利者的微笑。

我不知道爱情究竟会给人带来多大的勇气，而C小姐无疑是这道题目最好的解答者。

F先生的前女友跟他的许多好友都是同学，她的父母跟他的父母是一个公司的上下级。前女友的离开给F先生的人际关系撕开了一个巨大的裂缝，C小姐只好想方设法去填补。

C小姐在F先生父母的楼下苦等几个小时，只为跟二老搭上几句话表表真心；C小姐殷勤照顾F先生住院的朋友，送水、送饭、送补品，只为改善自己"插足者"的形象；C小姐多次约F先生的同事吃饭，只为让他们认可这段感情。

"小C用功这么久，他们应该准备结婚了吧。"所有人都这么想着，直到听说他们分手的消息。

C小姐在深夜的电话中泣不成声："他跟我分手的理由，居然是父母不同意。你说他一个大男人，为什么这么听他爸妈的话，为什么连为了我抗争一下都不肯？"

"有人说我这是报应，可是我有什么错，难道想要争取一份自己的爱情也有错吗？"

"我已经尽了一切努力去保护这段感情，可是我的勇气真的就这么一文不值，什么都改变不了吗？"

她在黑夜中哽咽凄厉的声音，像是一只被踩住尾巴的猫的嚎叫。

原本该是两个人一起守护的爱情，因为F先生的犹豫懦弱而变成了C小姐一个人的角力。而C小姐拼尽全力才得到的爱情，又因为F先生的忽然放手，最终沦为笑柄。

许多人都说，趁着年轻要鼓足勇气狠狠爱一场，即使最后分开也没有遗憾。可是，面对不懂珍惜或是不愿意珍惜的人，这样的勇气像是一个笑话。只有当你遇到你爱他而他也爱你的人，你的勇气才值得无限延展，去与他一起克服漫长一生中所有的羁绊，去与他共同承担未知的磨难和困难。

爱情中，两个人并肩攀爬才是勇敢，而一个人的拼命，充其量不过是一场注定悲哀的争夺。

若你尚未遇到那个与你风雨同行的人，请好好珍惜自己的勇气，别让它像不值钱的石子一样散落，它原本价值连城。

单身的人都在想什么

01

我有个单身朋友小芒,经常打电话跟我倾诉自己被家里人催婚的烦恼。只要她待在家里,她的妈妈就会整天在她耳边念叨,让她尽快找个男人结婚,不然的话就别再认她作妈妈了,说出去都嫌丢人。

让小芒始终不能理解的是,长辈们对于婚姻这件事到底有什么好着急的。

小芒今年才二十多岁,刚刚从学校毕业不久,她的人生就如同一张白纸,充满了各种可能。这个世界还有很多未知领域等着她去探索,她不想让结婚生子这一条路限制了自己的发展空间。

说到当前的目标,小芒说首先是要去考取各类职称证书,提升自己的专业技能，让薪水在原来的基础上再翻一倍，那样就有能力去买一些自己很喜欢但目前还买不起的东西。对她来说，现在满足自己的物质所需，比找个男人嫁出去重要多了。

其实我挺理解小芒的，如果不能让自己变得更好、更优秀，对自己未来的恋人也是一种不负责任。

02

我有个认识了十几年的朋友大斌，他是个不折不扣的工作狂。前几年从体制内辞职出来，和朋友开了一家公司。如今，生意越做越大，他整天四处奔忙，就连想见他一面都很难。

上次好不容易把大斌约出来吃饭，一顿饭下来他接了十多个电话。

我向他打趣道："如今的你，忙得连品尝美味的时间都没有了吧！"

大斌抿着嘴苦笑了一下。

大斌说，现在他每周的工作行程都安排得非常紧凑，往往是刚在一个地方参加完一个行业会议，一结束马上就要飞去其他地方，还得抽时间和员工们探讨项目，忙得连休息的时间都没有。

这些日子以来，也有不少姑娘主动向大斌示好，可都被他一一婉拒了。大斌坦言，像他这种工作性质的人，真的不适合谈恋爱。正处于事业上升期的他，并没有太多空余的时间留给身边的另一半，所以真的不想因为自己而耽误了对方。

据我所知，大斌小时候家里的经济条件并不好，父母经常为了柴米之事而吵得家无宁日，因此他比谁都明白贫贱夫妻的悲哀。

大斌说，他只想趁年轻的时候好好打拼，多攒些积蓄，给未来的她一段安稳而无忧的生活。

03

以前看过一部电影《29+1》，讲述的是一个奔三的女孩子在面对爱情、事业、生活等方面的困扰时，如何一一去化解，最终与自己达成和解的故事。

主角林若君和女强人上司Elaine聊天时，问了她一个问题："你为什么宁愿选工作，也不愿选择爱情？"

Elaine的回答让我印象极为深刻："每一个人都有第一选择，既然有选择，那就有代价。最重要的是你做了这个选择，你有没有用百分之一百的精神和心思去做好它。如果我尽力了，无论什么样的结果，我都不会后悔，也不会抱怨，做人不就简单快乐多了吗？"

只有忠于自己内心所选，并且活得纯粹、高级而有质量，才会深感此生了无遗憾。

我的另一个朋友果儿，不久前和一个谈了大半年的"富二代"分手了。

分手以后，对方给果儿转了一笔分手费。第二天，果儿就拿着这笔钱去开了一个婚庆策划工作室。

由于经营状况良好，聘请的员工也很尽心尽力地做事，工作室的效益相当不错。经常可以在微信朋友圈里见到果儿满世界旅游的照片，还真让人有点儿羡慕呢！点开果儿的头像，签名档里写着："永远不要因为痛失爱人而变得自暴自弃，从而放弃了成为更好的自己的所有可能。"

最近一次见果儿时，她说："其实人的想法总会变的，以前的我完全把爱情当作人生的救命稻草，感觉只要一失去就无法再活下去了。随着年龄增长，如今的自己早已不对爱情抱有过高的期望。有谈恋爱的空闲，还不如多策划几个经典案例，多为客户费点儿心思，让工作室实现更多的盈收，这才是我最应该考虑的问题。"

毕竟，经济基础才是一个人在这个社会安身立命的资本。也只有凭真本事挣来的钱，才能给自己带来最大程度的安心。

04

　　我特别羡慕身边几个至今依然保持着单身的朋友,虽然他们经常要面对家人的催婚,但是他们的心态很好。即便是一个人的时候,也没有轻易放弃自己,而是把所有的时间和精力都花在自己身上,毫无牵挂地为事业打拼,提升自己,做自己想做的事,享受人生当中自由而没有顾虑的时光。

　　他们似乎都不约而同地达成了一种共识:"不谈恋爱死不了,脱贫比脱单更重要。"

　　为什么越来越多的人主动选择保持单身的状态?是因为他们逐渐意识到,只有当一个人在生活中变得独立、自强,通过努力挣钱提高了自身的生活品质,才能吸引到那些同样优秀的人,得到一份恰到好处的感情。

　　在这个世界上,往往是那些实现了财务自由的人才能把爱情的主动权牢牢地掌控在自己手里。当他们终于遇到那个理想的对象时,才不至于被残酷的现实痛击得鼻青脸肿,才会有底气对他说出那一句"我想跟你在一起",为他抵御日后的所有风雨。

　　愿我们一生都不必受物质所困,愿有情人终成眷属。

跨过自卑这道虚拟的防线

01

原谅这世间所有的不对……《无所谓》这首歌中的这句歌词如果赶在适当的时候撞到人的心口上，是会让人潸然泪下的。世间所有的不对，既有你的，也有他人的。原谅他人的错误不易，需要一个大胸襟。不是所有人都能做到"世界以痛吻我，而我回报以歌"。

有人说，原谅自己的错误更不易，因为人们总是在纠结中饱受煎熬。

事实上，人们很容易就原谅了自己，我们并不像自己想象中那么容易纠结。

人的一生中的大部分时间都在挑剔他人的过错，紧咬住不放，而缺乏对自我的审视。孔子说"吾日三省吾身"，可人的自我反省精神就像一块橡皮擦，在一次次的自我原谅中慢慢磨损、变小。殊不知，这样做的后果，只是一次又一次地修改自己的底线。

别那么容易就原谅自己。特别是触及灵魂的时刻，别随便为自己所犯的错误开脱。

我的同事大洲是个身材娇小的美少年，他哪里都好，就是抗挫折能力差，总是在关键时刻习惯性地软弱，这个致命缺陷如影随形，坏了他许多事。

大洲经常这样抱怨："我没有钱，是个草根，我的身高达不到平均标准，严重拖全省人民的后腿。我父母斗大的字不认得半升，为了供我上学，几乎把血都挤出来变成了钱；我没钱给自己买名牌服饰，每天坐3个小时的地铁去上班，周末还要去肯德基打工；我住着这个城市中最廉价的出租房，骑着二手自行车，用着二手电脑，我买不起皮鞋和手表，也不敢去逛商场，比起那些生下来就什么都有的'富二代'，老天爷对我太不公平了，我痛恨这个世界……"

这段话是他的口头禅，每当他遭遇到不公的对待时，他就会这样碎碎念。

除去这样的时刻，大洲还是很拼的，再加上命运女神额外垂青，他年纪轻轻地就拿到了很高的薪水。有一次，一个由他负责的重要客户突然要求取消合作，他好说歹说，对方仍然不为所动。最后，他被主管骂了个狗血淋头，工资降了三分之一，他被气得一个人躲在茶水间抽烟。我说："大洲，想开点儿，别太在意，以后努力去开发别的客户好了。"

大洲冷笑："对你们来说，失去一单生意算不得什么，继续努力就行，你们不怕，可我怕。"

"你怕什么？"

"我赔不起。"

"赔？老板没有说罚你啊。"我有点儿后知后觉。

"我玩不起……"大洲红着眼睛用一根手指非常不礼貌地指着我说，"就说你吧。你是独生女，家里父母都有退休金，有房、有车、有保障，你在这里失败了，拍拍屁股就可以回到温暖的家，被父母呵护。可我呢？我有什么保障？如果我失去客户，就有饿死的危险。所以我玩不起，像我这样毫无根基的草根，拿什么和人家竞争？"

"别这么想，事在人为。"我觉得自己的安慰苍白无力。

大洲完全听不进去，好像被这次失败完全击垮了似的。平静下来之后，他开始不断地自我解嘲："像我这样的人还要求什么呢？能有个温饱就不错了。"

同事们都说，大洲变得挺颓的，再也不起大早来上班了，再也不殷勤地回访客户了，甚至对同事的笑脸也少了很多。他仿佛不会工作了，也失去了与人沟通的能力，再后来他失恋了，因为女朋友实在无法忍受他的颓废和得过且过。大洲没有挽留，照他的说法，他变穷了，自然不配再拥有爱情这种奢侈品。这种言论把前女友气得差点当场吐血。

他的工资被一降再降，脾气也变得越来越差，处处传播各种负能量，最后，他灰头土脸地离开了公司。

02

大洲的故事让我想到一个寓言。

一只乌鸦在向南迁徙的途中遇到一只鸽子。鸽子问乌鸦要去哪里，乌鸦气愤地说："这个地方的人都嫌弃我的叫声难听，说我不吉利，我要离开他们，到别的地方去碰碰运气。"鸽子说："万一到了别的地方，还是有人嫌弃你的声音呢？你还准备逃到哪里去？"乌鸦听完后沉默不语。

鸽子接着说："如果你不改变自己的声音，一味地怨天尤人，到哪都找不到喜欢你的人。"乌鸦羞愧难当，却没有听从鸽子的忠告，所以它一直被嫌弃。

大洲就是这样的人，他总是在怨天尤人，却从不反思自身的问题，不问问自己的心究竟是否值得获得尊重和喜爱，所以只能像乌鸦一样，处处惹人嫌。

不要像大洲一样，一遇到过错就轻易地原谅自己。这个世界有太多的考验、太多的坎坷需要我们咬紧牙关去忍耐，一再地放松对自己的要求，怎么走到心想事成的明天？

不要太怜惜自己，见月伤心、迎风流泪的娇娃，不适合在职场生存。

原谅他人是美德，会获得数倍的尊重；原谅自己得到的只是加倍的平庸。

人就要对自己狠一点儿，远离自我原谅，将自己置于背水一战的境地，或许离成功和幸福就更近了些。

自卑的人总是把结果看得很重，但是，现实不会因为你的自卑和软弱就放过你，所有客观上你种下的因，最终都会得到你的果。既然如此，你不如就实事求是地按照你的方式去做自己。世间没有绝对的对与错，别人也在坚持自己的观点和做法，在找最终与实际情况的契合点，从这个角度看，并没有谁更优秀于谁，你只要坚持你自己。

很多道理你都明白，只是，真正突破这道虚拟的防线还是需要不断地努力。最终解救我们的，还是自己。

不忘初心，方得始终

01

  大概是前一个月，我在街头遇到一个许久未见的好友。刚碰到的时候，两个人激动得几乎要抱在一起了，只是碍于性别差异，不得不克制自己的激动。于是，我们临时起意，去咖啡店叙旧。

  我们确实很多年没见了，至少十年。

  从前的日子慢而陈旧，说起来，那些毕业留言之类的，最后都不知道丢在了哪里。然后呢，许多人就只存在于记忆里，不再联系。

  我和他是在少年宫认识的，那时，我们都坐在最后一排。在年少最懵懂的时候，我们无话不谈。可又在青春期刚觉醒的时候，分道扬镳。

但可以确定的是,我们还记得彼此。至少我对他是有过少年崇拜式的喜欢的。

他开玩笑地说:"想不到过了这么多年,你已经长成一个亭亭玉立的姑娘了。"

我知道他是调侃,接着他的话说:"你是不是很后悔当初不喜欢我?"

他笑了笑,沉默了一阵:"当年,真的是当年了。时间真快啊!"

我以为自己会很激动,会一直很激动,说不定一不小心会失控而大哭。而事实上,我轻轻搅拌着咖啡,和他说完这些年在哪里工作,又说了结婚和生子的事后,两个人就沉默了,不知道该说什么,也不知道从哪里说起,更不知道彼此的交集究竟在哪里。我发现,或许和我一样,他也感受到了彼此之间那种陌生的气息,渐渐地在从前的熟悉感中升腾、浓厚起来。至于剩余的情感,早就需要重新再来。我看到他的眼神突然迷乱了起来,茫然而不知所措。

两个人的尴尬一直到最后才慢慢化解。我忽然想起了张爱玲的小说《半生缘》中曼桢和世钧若干年后相见的样子。自然,我和他不是曼桢和世钧那样青梅竹马的关系,我只是说同样的那种感觉,真的是回不去了。

02

有一段时间,我疯狂地喜欢水木年华的一首歌曲《中学时代》。这么多年,在我的心底,我最好也最难堪、最痛恨又最爱的时光就是中学时代,它占据了我生命的六年时光。而也是这六年,我开始懂得,在一个人的光阴里,时间最磨砺人也最考验人,最让人伤怀也最让人感恩。

我上初中时身体开始变胖,雌性激素在十四岁的时候狠狠地在我身上肆虐,以至于我看到初中毕业照总有种想撕掉它的冲动,随之而来的,是我的自卑以及自我意识的觉醒。

骨子里,我是一个很内向的人。如果该庆幸的话,就是庆幸我慢慢变得愿意说话。我跟许多人说过我五六岁的时候,一度内向到每每在路上碰到同学叫我名字,就吓得赶紧跑。因此,班主任以为我有抑郁症,告诉了我的家长。初中时代,我开始有了心理在稚嫩与成熟间的急剧转换。

你知道吗?个中滋味,现在想起来都让我觉得奇妙。

我第一次在所有人面前顶撞了一个冤枉我的老师。那是一件很小的事。前一节课我们刚考完自然科学,后一节课我忘记把自然科学的书放进抽屉里,于是老师认定我在看自然科学的书,一把收走,并说了一句:"还没完没了了。下课到我办公室里来。"在我的学生时代,感觉老师争夺资源的方式就是不允许在他的课堂出现其他课的老师的书，否则就是"大不敬"。那一刻，我站了起来，说："请还给我。"所有同学都看着我，成绩略微偏差的倒是有一种幸灾乐祸，可能心想：你这个好学生也有今天啊。我之所以说是顶撞，是因为我是当着课堂所有同学的面，大声表达了我不愿意服从他。换作是现在，我想，我定会吞了这一口苦水，然后不解释，悻悻地去老师办公室道歉。可那时，我拧着头始终不肯承认自己的错误。想来还有一个原因，我也想以此来掩盖自己的自卑、发泄心中的不满。那学期，我考了很高的分数，但没有成为入团的考察对象。

我第一次喜欢一个男生也是在初中的时候。可是，我自始至终都不敢把这个人的名字告诉别人，而总是用另一个男生来掩饰自己的不安，以至于到最后连我自己都分不清最初暗恋的是哪一个。我还偷偷做过许多事，比如课间操的时候，会不自觉地瞥向他们的班级，然后在老师来的时候，佯装系鞋带；我假装不经意地走过他们的班级，只是为了多看他一眼；我偶尔会在散步的时候，在他家附近逗留，真的，我不知道他家的具体位置，可后来，我在那附近，确实无数次看到他出没，而他也友好地和我打招呼；自然，我没有放弃任何一个在他面前表现的机会，甚至在他看我一眼的时候，心里小鹿乱撞。

写到这里，我想起前些日子一个单身好友说过的一句话：

如今遇到再喜欢的人，也不会如从前一般飞蛾扑火，爱着他的一切，甚至于满足他的一切。现在会理性思考彼此的关系，好像是把感情放在了一把秤上，只追求平衡，而并不希望将他高高放在心里。

青春时的情感，说起来真的很奇特，你就是特别想见到他，甚至他会无数次出现在你的梦里，可你又不敢当面告诉他。他就是你心里的一个秘密，在你青春期觉醒的途中，情感来得快而浓烈，甚至让你不甘于平心静气。这样的感情就是第一次的爱恋。人的第一次爱恋，总是慌乱而直白的，于感情而言，他在你的标杆上；如果有可能，在未来的某一刻，你也愿意为他粉身碎骨。

03

最近我特别喜欢一部电影《既然青春留不住》的同名歌曲，与《同桌的你》《匆匆那年》一样，也是缅怀青春的曲子。在这部片子最后，响起那首歌的时候，我忽然泪流满面。我大概是全场唯一一个看到哭的人，那些至今仍然失联的好友的面庞一张张地印在我的眼前，我想起那个青春时代的我，以及与那些脸庞深深浅浅的交集。

许多人知道，我很喜欢三毛。她有一句话是："人之所以悲伤,是因为我们留不住岁月;而更无法面对的是有一日,青春,就这样消逝过去。"

现在想来,我们除了留不住岁月,还留不住青春时的自己。

面对岁月,我们总是说着同一句话"不忘初心",可我们也总是变幻着自己的方式,拼命美化自己的不堪。有人说这样是世故也好,俗气也罢,而我只想说,这或许就是"成长的代价"。

如果留不住青春,但愿我们留得住自己的真诚。

路途遥远,面具戴久了总会掉。不忘初心,方得始终。

有时候，应该为爱勇敢一下

01

春节期间，我和几个大学同学一起聚餐。原本聊的是很欢快的话题，但是大A喝高了，对着小F说："你知道吗，大学四年我一直喜欢你。"

此话一出，本来热热闹闹的场面一下子就安静了下来。

在我们眼里，大A是个特别神经大条、想到什么就去做什么、从来不会隐瞒任何心事的大男孩，谁都没想到，他喜欢一个人会埋藏得那么深。

吃完饭以后，我们各自回家了。临睡前我接到小F的电话，她的声音听上去像是刚哭过。我问她："你现在是不是还喜欢他？"

小F上大学时就跟我说过,她喜欢大A,但她不知道大A是不是也喜欢他。她觉得像他这样的男生,如果喜欢一个人,肯定会很明显地表现出来。可大A对小F的态度就像对待邻家小妹,谁也没往"喜欢"那方面想。

从大学毕业到现在,已经过去好多年。初恋难忘,这并不可怕,可怕的是,对方明明已经淡出你的世界,你却还在原地傻傻地等着。

小F始终没告诉我,她现在到底还喜欢不喜欢他。但我告诉她,大A快结婚了。小F在电话那头立马哭得稀里哗啦。她跟我说,没想到大A会一直喜欢她四年,如果知道的话,当时的她一定会大胆表白。

02

如果你喜欢一个人,但不确定他是否喜欢你,那你宁愿把他偷偷藏在心里面,然后继续假装做他最好的朋友。在他伤心的时候去安慰他,在他快乐的时候你也跟着高兴,在他需要鼓励的时候你毫不吝啬地给他支持。但你唯独不敢去表白,因为你知道,一旦感情被挑明,而他又拒绝了你,你们的关系就会变得疏远,从此连朋友都做不成了。

你总是默默地陪着他,看他从青涩变成熟,而你也从天真的少女蜕变成知性的漂亮女人。

时光让一切都变了，你们互相陪伴的方式从校园散步到后来只能打电话、发邮件、聊QQ。唯一不变的是，你一直喜欢着他，从来没有因为相隔异地而有丝毫的变化。

随着年龄的增长，人也会变得越来越胆小。曾经的你，只有看到他才能快乐；后来的你，时不时地给他打打电话，只要能听到他欢快的笑声，就觉得心满意足了；而现在的你，却连给他打电话的勇气也不再有，只是频频进入他的QQ空间，看他相册里新传的照片，关闭网页前还不忘抹掉浏览痕迹。

是的，现在的你仍关心着他，却不想让他知道，觉得只要他过得好就行。他已经成了你的晴雨表，你随着他的喜怒哀乐而变化心情。只是这些，你完全没有告诉他的打算。

你就像在印证所有的偶像剧里百用不厌的台词："我喜欢你，是我一个人的事情。至于你是否喜欢我，是否知道我对你的喜欢，都不重要。"

请你静下心来问问自己，你难道真的不想知道他心里的人是谁吗？真的不想知道他对你的感觉吗？你真的不在乎对于自己的心意，他是否知情吗？

如果真的都不介意，为何在看到他关心别的女生时，你会难过？如果真的都不在乎，为何在听到他有另一半时，你会失落？如果真的都没关系，为何在他表明曾经也喜欢你时，你会泣不成声？

你没想到的是：

他也曾喜欢你，就像你喜欢他那样。

他也曾在你难过的时候陪在你身边，在你快乐的时候比你还快乐，在你需要安慰时大方地将肩膀借给你依靠。

原来这些，你曾经都拥有过。

当初大家都以为他把你当作妹妹、朋友、死党，却谁也没想到，他其实是把你当成女朋友去呵护的。

你恨自己当初太傻，怎么就没有往那方面想过，也恨自以为了解他的心事，以为他什么都会跟你说，却偏偏猜不透他的心思。

当初有多美好，现在就有多难忘。你沉浸在过去的时光里一遍遍怀念，却始终不肯走出来。他的酒后告白让你开始后悔当初的自己太胆小，后悔当初的自己太懦弱。

03

小F曾跟我讲，当初只要他对自己有一点点暗示，那么现在的他们，结局也许会是另一番模样了。

我对她说："既然你不确定对方的心思，为何不主动去问一个结果,为何非要等着对方来告诉你?如果他跟你抱着一个心态,也等着你先开口呢?"

在爱情里,我们都想等对方先开口,时光却在等待中慢慢逝去,在这期间会有各种各样的人走进彼此的世界,倘若我们爱上的人先一步走开,便会感到伤心和后悔。

可是当初的你在干什么?在他还喜欢你的时候,你却抱着做朋友的心态跟他相处。在他还陪在你身边给你安慰和鼓励的时候,你却像妹妹享受大哥哥的疼爱一样。

现在想一想,如果当初两个人能把话说开,也许你们并不会失去什么。如果他不喜欢你,你的世界可能会从此少了他的关怀,可这总要比日后去花大把时间猜测要好得多。可如果他跟你一样,也在等着你表白心意呢?

倘若当初你能大胆地将内心的情感说出来,也许从此你便可以被他牵着手,享受他的呵护,甚至可以大胆地在脑海里勾勒属于你们之间的未来蓝图。

这些明明当初你都有机会得到的,就因为胆小害怕,使得它们随着时间的流逝也慢慢溜走。

"我喜欢你,你知道吗?"

这几个字,有太多的人于夜晚时分在手机上打过无数遍,却在最后发送时选择删掉。

难道表白就那么让人难以启齿吗？喜欢一个人，又不是错事，更不是令人羞耻的事。

你尽管抛开顾虑，大胆地向他袒露心意，无论他接受还是拒绝，你的世界都不会自此坍塌，你的人生还要继续往前走，更不会因此就停滞不前。

让那个人知道，你曾花费过时光去喜欢他。别等到他离开后，独自懊悔当初自己的不勇敢。

你要让他知道，他并不是一个人在时光里走过，他的身边曾有你陪着。

如果有一天，你鼓足勇气去问他："我喜欢你，你知道吗？"也许他会牵着你的手说："我同样也喜欢你！"

有生之年,你会不会遇到那个人

01

每个人的内心,都藏着一个别人无法触碰的地方,就像伍佰《挪威的森林》的歌词里所写:

那里湖面总是澄清
那里空气充满宁静
雪白明月照在大地
藏着你不愿提起的回忆
……

不愿被人提及的回忆,不一定都是伤感的往事,也许还有让你快乐的事。之所以不愿被提及,是因为迄今为止你还没有遇到更有意思的人，没有遇到能够让你将那些回忆彻底忘掉的人。

时间是永恒的，而生命却很短暂。你问我，有生之年，你到底会不会遇到那个人，让你忘记过去所有的苦痛。

你曾跟我说，你还年轻，给不起她爱，要等到你们都成熟之后，再亲口告诉她，你爱她。

每次放学后回家的路上，你看着手里提着公文包的上班族，总觉得他们很酷、很成熟。你无限期待着，自己有一天能和他们一样，去做你想做的事，每个月有固定的工资，不用再去面对永远也写不完的作业。你畅想着，只要有钱，你就可以给她买玫瑰花，买戒指，买她喜欢吃的零食。这些未来，光是想想就令人陶醉！

恋爱的时候都是如此，总是想把最好的东西留给她，哪怕你想送的是对方不想要的，也总是想让别人都觉得她跟自己在一起是幸福的。人年轻的时候总是不知天高地厚，觉得只要有感情就行了，其他的外在因素都统统不看在眼里。

跟你玩得好的哥们都知道你很喜欢她，但是那个字，你始终没对她说出口。你始终相信，她是知道的。你们之间需要的只是时间，你在等待机会，等一个能够给她幸福的机会，却不知道，你在等待机会的同时，有些东西正在慢慢地发生改变，比如感情，比如她。

当她很明确地告诉你，她只是把你当成好朋友的时候，你忽然有种欲哭无泪的痛苦。你知道会有被拒绝的可能，却没想到这么快就变成了现实。

也许要到很久之后，我们才能领悟：不是所有的事，都会如预料中那样发展；不是所有的人，都会在原地停留；不是所有的爱，只要付出就能得到回报。

02

你很想问问她："如果真的只把我当朋友，为何每天都坐我的自行车呢？又为何会收下我用打工两个月赚来的钱买的那枚小戒指呢？"

你甚至更想问她："如果没有喜欢过我，为何每次伤心难过的时候，都会在我面前掉眼泪？"

在那段时光里，她就是你的全部。你想放弃这段无果的感情，又怕放弃之后，自己的世界里从此再也没有她。

你在心里对自己说，再等等吧，也许她现在还不能确定自己的心，也许过两年，她在外面受了伤，才会发现你的好，接受你的感情。

你坚信自己能够等到这一天。

万一哪天她发现了你的好,想回到你身边,却找不到你,你就会错过一次相爱的机会。你怕这种小说式的情节会出现在你的生活里,所以你总与她保持一段距离,就如朋友一般,不再让她随随便便坐你的自行车,也不再送她礼物。

她已经有整整两个月没跟你联系了。在没挑明关系前,她什么事都会跟你讲。她搜罗到好看的笑话,会第一个转发给你。可现在,你们竟然无话可说。

你就这么浑浑噩噩地过了几个月。一次你发高烧,请假在宿舍休息,莫名地,你忽然想给她打电话,想听听她现在的声音。你硬撑着眩晕的脑袋从枕头底下拿出笔记本,里面有她的新号码,那是你从朋友那找来的,可你从来不敢记住它,怕它会刻在心里,再也抹不去。

"最近过得怎么样?"

"你是不是感冒了?"她听出了你声音的异样。

你没告诉她你是谁,可她还是听出来了,也知道你生病了。就在那一刻,你忽然特别想哭,觉得喜欢她那么久,到底是值得的。

不久,她拿着水果,还带了一盒感冒药来看你。你也不知道她用了什么办法,才说动宿管阿姨同意让她进来。那一刻,你猜想,或许在她心里,有那么一块地方是属于你的。

当她把男朋友正儿八经地介绍给你时，你的心仿佛空了一块。你听见她跟男朋友介绍自己是"从小到大的玩伴，任我欺负蹂躏的对象，好人一个"。

尽管你知道早晚会有这么一天，可真到这天来临的时候，你的心还是会痛。

那天你不知道自己是怎么走回去的，你知道自己跟她没有半点可能了。

从前她拒绝了你，你不肯死心，说她是不懂得什么是爱。可是现在呢，她有了男朋友，你还要欺骗自己说她不懂什么是爱吗？

明明是你先遇到的她，把她当珍宝一样捧在手心里呵护，可她最后喜欢的却是别人。感情的世界若能强求，你会拼尽全力把她争回来。

他拉着她的手，她幸福的笑容是你从来没有见过。那一刻你终于肯放手，因为你明白，她在你身边，永远也不会出现那样的笑容。

你努力了那么久，也付出了那么多，所有的青春都为了她绽放，所有的花都开在了那一季。可是后来，世界的灯全都熄灭了，爱情世界里，就只剩下了你一个人。

后来有个女生向你表白，你当时就答应了。

踏入社会的那一刻，你的恋爱也宣告结束。也许你从来也没有爱过那个女生，也许你的心里装的一直都是她，所以分手的时候不痛不痒。

原来爱上一个人如此简单，而忘记一个人却那么难。

03

此时的你，已经有一份不错的工作，每个月拿着不菲的工资，有足够的能力去给喜欢的女生买任何礼物，无论是玫瑰花，还是名牌。可你却不知道送给谁。你曾经那么渴望的成熟，其实并没有那么好。

有一天，你在QQ空间里看到朋友转发的一张照片，差点掉下眼泪。那照片里，她穿着洁白的婚纱，小鸟依人般靠在旁边的男人的肩膀上。

她要结婚了，那么你呢？

你们终究是没有缘分的。你一路走来，几乎将所有的时光都用来爱她了。在这段时光里，你失去了多少，又得到了多少？青春已经走过了一半，难道剩下的这一半你还要这样耗下去吗？

过去的时光再美好，也都是回不去的记忆。你在她的世界里盘旋不去，就无法在自己的世界里找到重心。

如果终究不能在一起,就请你潇洒地离开,趁一切还来得及。你应该给自己一次重新去爱的机会,或许那个人也爱着你。只有这样,你才能体会什么是真正的快乐。

终有那么一天,你会看见一个让你再次怦然心动的女生,你会像当年一样,疯狂地去追求她,去给她买玫瑰、买戒指,甚至把自己的工资卡交给她。而她非但不会拒绝你的好,还会在你说爱她的时候,伸出双手拥抱你。

直到你遇见一个能为你的世界点亮明灯的女孩,你才会懂得,什么才是你真正需要的,什么才是你应该去拥有的。

所有的痛苦都不是别人给你造成的,你的执迷不悟多半是因为自己的不甘心,你不愿去承认自己错误的期许,所以才会把时光浪费在不属于你的地方。有些事总也实现不了,比如你喜欢的人始终不喜欢你,那就证明你们并不适合,能走到一起的人从来不是一厢情愿。

所以,要尊重别人,也尊重自己。把时间和精力用在属于你的人和事上,你最后得到的一定是你想要的。

第五章

能安之若素,
才能配得上
世间繁华

逐热的被冻死,逐光的多遇黑

01

逐热的被冻死,逐光的多遇黑。这是张爱玲说过的一句狠话。有时候,这句话就像墨菲定律一样,带着让人逃不脱的可怕,却又不愿意逃脱的悲哀。

讲一个发生在我身边的故事。

A姑娘是人们心目中的"女神",有才华,有长相,有家世,有教养,还有马甲线。

跟闺蜜们一起聊起喜欢的对象时,A姑娘总说:"长相、学历、身高、工作都无所谓,我一定要找一个让我觉得温暖的男生,有一双温暖有力的大手,有一张能融化冬天的笑脸。"

这个标准五年不曾变过,而她身边换过许多任男友。

有一次,我们都觉得她快要结婚了,那是个温柔的好男人,体贴细心，事业有成。他们携手出现的时候，她脸上挂着甜蜜的微笑，像是香草味的棉花糖。

可是，没坚持几个月，我们的"女神"就遭遇了"被分手"。

她像一只基因变异的兔子，眼睛红红的，一副可怜相。

她语无伦次地跟我们诉苦："其实我早就预料到了，他不再每个电话都回，每个短信都接的时候，我就预料到了。我还看见他跟一个女的在微信上聊得火热，我观察了很久，拿着证据质问他的时候，他连解释都不解释，就直接说分手。"

A姑娘身为这次恋爱的受害者，自然值得同情，不过我认为，任何一场无果而终的恋爱，都不单单是某一方的过错。

在这次恋爱中，A姑娘也是过错的制造者，也许她只是不自知而已。

02

有一次，A姑娘跟男友参加一场聚会，正巧她男友的初恋女友也在场。那女孩儿早已嫁为人妇，只不过跟A姑娘的男友站在一起叙了叙旧，A姑娘就拼命似的挽住男友的手臂，带着防备又紧张的神情，像是一只要守护领地和幼崽的老母鸡。那女孩见状，很识趣地走开了，而A姑娘则盯着男友，不依不饶地追问:"你现在已经不喜欢她了,对吧,那你为什么要对她笑呢?她一进门就走过来找你了,你们是不是还有联系?我昨天看到你微信中有个叫小典的女生,是不是她?你说,是不是?"

如此歇斯底里的Ａ姑娘让我们觉得陌生,一向知书达理、聪明洒脱的她,居然也会这样死缠烂打,还能这般理直气壮。

在那样的场合,被那样责问,Ａ姑娘的男友自然挂不住脸面,但又禁不住Ａ姑娘的软磨硬泡,只好把自己的手机递过去说:"给、给、给,你自己看。"

分手之后,Ａ姑娘哭着说:"我只是不想失去他而已,可是他不爱我了,怎么办,你们说怎么办?"

在这个世界,无论多么优秀的男女都有可能失去爱。随着时间的推移,Ａ姑娘慢慢走出了失恋的阴影,继续寻找她所认为的有温暖的男人。分开了的那个男人,她或许是忘了,或许成了心中不能碰的痛。

03

偶然有一天,我逛超市的时候竟然遇到了Ａ姑娘的前男友。他挽着一个娇小的女生,两人正一脸幸福地讨论着下午的火锅要买什么样的食材。他见到我,有一点尴尬,毕竟,我跟Ａ姑娘是闺蜜,大家都认识。

他最终说:"要不一起去喝个咖啡吧。"

我欣然同意,趁机仔细打量了一下他身边的那个女生,相貌平平,并不是我想象中温柔似水、体贴如云的风格。

走出很久之后,那个女生发现自己的外套忘在了超市。他正要回去取,她拉住他的胳膊轻轻一摇,说:"还是我自己去吧,你们好不容易见一面,慢慢聊。"

说完,她扮个鬼脸,又娇嗔着补充了一句:"谁让你这个笨蛋刚刚不提醒我啊。"

他看着她跑开的身影,脸上浮现出温暖的微笑,竟然带着和A姑娘在一起时从来没见过的满足和幸福。

忍不住一颗八卦的心,我问起他跟A姑娘的故事。

他犹豫了半晌,还是坦然说:"跟她在一起太累了,永远都要顺着她、哄着她,随叫随到,言听计从。她一天查十几次勤,我一个电话没接,她就疑神疑鬼,恨不得像个八爪鱼一样附在我脑子里。可是,我是她男朋友,不是她的仆人。"

至此,关于A姑娘与他的这场恋爱,所有的前因后果,我都明白了。

A姑娘一直渴望寻找一个能给她温暖的男人,可她忘了自己原本也是一个发热体。她需要别人的温暖,同时别人也需要她的温暖,但她没有意识到这一点。

她的前男友,是她理想中的温暖男人。所以她拼命地抓着,并将自己所有的阴影和寒冷都倾泻在前男友身上。

这样的爱和需要,让她的一举一动都用力过猛,直到消耗尽自己所有的温柔和可爱,直到消耗尽前男友所有的爱意与善良。

其实,那些明亮的人经过你的沉寂冰冷的生命,是为了点亮你,让你像一只火炬一样,学会发光发热,成为这世界上另一个小小的温暖发源体,在明亮中学会发光,在爱里学会爱别人。而不是让你不顾一切地奔过去,像飞蛾扑火一样,姿势绝望又难看。

能安之若素，才配得上世间繁华

01

前些天，我在街头碰见一个姑娘，她蹲在马路上大哭，一边哭一边声嘶力竭地喊："你为什么看不起我？你为什么要离开我？"

围观的人都骂她"脑子有病"。被拦住路的司机不停地按着喇叭。

警察来了，她也不走，只下意识地往旁边挪了挪。

她失恋了。

我把她扶到马路边上，一直劝她。她伏在我身上哭，哭得很大声，嘴里含糊不清地说着什么，好像是被男朋友抛弃了。车来了，我帮她擦干了眼泪，送走了她。车站的人冷漠地看着我，还有人一直玩着手机，完全一副事不关己的样子。

我不知道自己为什么要劝她，只觉得在她身上仿佛看到了许多人的影子。看到她不知所措，有些感同身受。

岁月这个老人，在谁的爱情、学业、生活里没刻上过一刀？不过是伤好之后有些人忘了，有些人还记得而已。

在我们以为无处可躲的时候，其实有很多出口，只不过没有一个出口可以直达内心，让自己的情绪喷薄而出。

待到风轻云淡时，你就会发现，曾经以为躲不过的痛，最后都结成了疤，甚至还可能如花一般灿烂。

02

那一刻的她，正茫然无措的她，像极了若干年前的我、我的朋友，以及许多人。

我十五岁那年，初中升高中，原本成绩一直拔尖，偏偏在关键时刻以两分之差与城里最好的高中失之交臂；又因为填错了志愿，被排名第二的高中拒绝。那时，年轻的我觉得遭受了人生中最大的打击，一直哭到两眼发黑，然后坐在窗台前默默地看书，却一行都看不进去。

父亲看在眼里，急在心里，想尽一切办法让我读上高中，哪怕是自费。

中考不过是人生中的一次经历，仅此而已。可当时的我却躲在家里，整整两个月不敢出门，没有参加任何同学聚会，想起落榜的事就哭。母亲说她当时最怕我闷成了抑郁症，那可就更伤心了。

两个月后，我没有以自费生的身份去读最好的高中，而是去了一所普通高中，一脸的不乐意。在那里，我交了一大群现在还经常联系的朋友，三年以后我考上了一所不算太差的大学。这些都是我在高中时完成的事。

中考落榜时，我第一次感受到人是"瞬间动物"，每个瞬间里的情绪，都非要表达得淋漓尽致不可，想要肆无忌惮地哭或笑，从表面到内心，躲也躲不了。特别是当一种深深的失望扑面而来时，人在那一瞬间的反应太过激烈，以至于让情绪冲昏了头脑，打破了本该有的静心静气，感觉学习、生活，包括所重视的一切，都是徒劳。

03

面对感情，我们也经常情绪失控。比如我的朋友安小姐，结束一段长达八年的恋爱那天，她把自己的手机砸了，把手机使劲地扔到高空，让它掉到地上粉身碎骨。她又把皮夹里的相片撕成两半，两个人就这样各奔东西。然后，她伞也不拿地去淋了场雨。

之后,她请了一个月的假,据说是去了趟北方。我给她发信息,她也没回,据说她没带手机。她回来的时候,瘦了大约十斤。看起来一切恢复到从前,只是她眼角常常有泪痕。

大约快一年了,她才恢复过来。

安小姐走出这段情殇后,很长一段时间内,她一直拒绝我及其他朋友说起这段往事,哪怕别人说起自己的前任,她也会岔开话题或干脆离开。

我也很少说,尤其是后来看到她一边挽着丈夫,一边拉着儿子的手,那一脸幸福又安好的样子。我以为她是怕先生生气。后来,她私下和我说:"若干年后,才知道当初自己的愚蠢和幼稚,那都快成人生的一个梗了。"

其实,没有什么是过不去的坎,当初何必要气得跳脚。

事实上,生活就是一个变幻莫测的老师,它何时出题,你都猝不及防。可你总要应对,好好交卷。

你大哭还是大笑,它都在;你大哭还是大笑,它她都会走。所有的应对方式全取决于你自己。

我记得,当初我心情抑郁时,母亲常常对我说:"别在意,慢慢来,生活总会越来越好。"原本以为那只是一种乐观,现在倒是觉得这话多了一份人生的哲理。或许安之若素,我们才配得上更好的生活。

后半辈子你要追随自己

01

我有一个忘年交,她四十五岁那年,从领导岗位上退了下来,变成了一个普通的员工。她没有辞职,但是,她想要自己的时间,比如休息日,比如不用加班的晚上,比如做自己喜欢的事——写小说。她是一个很爱读书的人,光是她的书单,就足以让我瞠目结舌,但她说,这都是她工作之前和四十五岁之后读的书。

从前,她所有的时间和精力都用在了不断上升的职业阶梯上,所有的文采都用在了公文写作上,就连陪女儿练钢琴的时间,她都用来写讲话稿了。可是时间一长,她就渐渐疲倦了。她说,她在二十五岁到三十五岁之间,去得最多的地方是婚宴,可在她三十五岁后,去得最多的地方是殡仪馆,送别自己的亲人，送别自己的朋友，或是朋友的父母。这让她感到生命是如此短暂，不过在一星一尘之间就灰飞烟灭了。她想在自己还有力气读书，有力气写小说的时候，读一些自己喜欢的书，写一些自己喜欢的小说。所以，她放弃了晋升的机会，像个小姑娘一样，从头开始追求自己的梦想。

许多时候，我们会忘记初心，也许是因为时间，也许是因为生活，当然，更多的可能是因为自己不知所措。被时间所逼，被生活所迫，我们是刀俎，也是鱼肉。其实，最终的决定权还是在于自己。

当然，我不是由此蛊惑人去做疯狂的事，或成为疯狂的人，就像我并不赞同那些羽翼未丰的年轻人随便就辞职，拿着父母的钱去徒步旅行。

把自己还给自己，是人生最重要的一件事。年轻人其实都该懂得一个道理——一边赚钱，一边实现梦想。

02

我在澳洲街头，见过一个年轻的艺术家，他在一家企业工作，但他很爱画画，于是每逢休息日，就在街头给人画肖像，报酬自便。我问："你不辞职，专职画画吗？"他说，他觉得自己还没有能力成为一个职业的画家，但他可以用绘画来让自己感到愉悦。这样便好。

　　我的姑父二十多岁的时候在一家钢铁厂当机修工人。那家钢铁厂是国企，也就是曾经的铁饭碗。可是，他并不喜欢朝九晚五的工作，对于那些在车间里与机器打交道的活更是提不起兴趣。我姑母刚嫁给他的时候，他喜欢在夜里躲到书房里画油画、练书法，一个人不亦乐乎。后来，渐渐有人来求购姑父的画。接着，就着爱好，姑父辞职学起了设计。姑父辞职后，姑母哭着来和奶奶说："这还怎么过日子啊！爱好可以当饭吃吗？"奶奶是个开明人，和姑母说："夫妻在一起，互相支持才是最重要的。"

　　因为绘画和书法的底子，姑父的设计自然学得比别人都快一些。没多久，姑父开起了设计公司，赚了钱，买了车，买了房，成了那年头少有的百万富翁。

　　可是，姑父很快萌生了退意。四十多岁的时候，他就决心把店关掉。他说自己工作了半辈子，一直都在用爱好赚钱，把爱好当作爱好的时候，感觉很轻松也很有热情，可爱好变成职业之后，感觉很辛苦又很疲倦。他就这样关了公司，又像年轻时一样，每天把自己关在房间里画油画、写书法。

　　和二十年前执意下海自己干一样，姑父谢绝了一个企业设计顾问的职位邀请，每天蘸着墨汁，一幅一幅地临帖写字。累了,就拿出油画棒画画。许多人不理解他为什么在最辉煌的时候急流勇退,他说:"终于有机会做自己想做的事了。"

心理学家荣格曾说:"你生命的前半辈子或许属于别人,活在别人的认为里。那把后半辈子还给你自己,去追随你内在的声音。"

我时常在想,多少人在垂垂老矣的时候,后悔很多事自己原本可以做却没有做成,终究将那些热爱的事埋没在浩瀚的时间之中,付诸东流。

如果前半生我们无法做自己想做的事,后半生请努力追随自己。

安静地努力一会儿

01

有谁在寒冬的凌晨于无人的大街上徘徊过吗？那种空虚、寂寞、清冷，足以让人对全世界绝望。我有一个学工科出身的文艺青年哥们，名字叫金川，我们是同一家户外俱乐部的会员，还是老乡。

大学毕业后，金川顺利进入了一家大型国有乳制品企业工作，顶着学生干部和党员的光环。企业本来非常重视他，把他安排在一个十分不错的岗位上。但不幸的是，那家企业很快爆出了一桩轰动全国的事件，一夜之间企业停产倒闭，数月后重组，被另一家企业收购。在这样的风雨飘摇的日子中，年轻的金川看不清前途，便去了一家私营企业。

当时，金川的家人非常反对，在国营机械厂干了一辈子的父母，觉得只有国企才是安全可靠的，私企指不定什么时候就倒闭了。可金川当时病急乱投医，只想赶快摆脱失业的阴霾，根本没考虑那么多。

那家私营企业是家族企业，所有的中层都是老总的亲戚，而金川的直属上司就是老板的侄子。这是一个连电脑办公软件都不会用的人，每天只知道玩游戏刷装备。更让金川不满的是，工资比在国企时还少。一言以蔽之，在这里老板说了算。

金川很快就辞职了。他的第三份工作是家国有资产控股的股份公司，无论是薪水还是待遇都上了一个台阶，专业也对口，他还算满意，因此就打算稳定下来。金川有扎实过硬的专业知识，又踏实肯学，加上大学期间有过当学生会干部的经历，也会处理人际关系，因此他很快就步步高升。到第三个年头时，他的薪水已经翻了两倍。

那一年，金川通过相亲交到了女朋友，双方一见钟情，但未来岳父岳母却嫌弃金川的工作不好。他们认为，金川在工厂工作，社会地位不高。金川解释说："虽然听上去不好，但是很实惠啊，收入也不低！"

"那还不是一样，和工人混脏兮兮的。明明可以干更体面的工作，为什么非要当工人？"岳母大人立刻反驳。女友也婉转提出要求，希望金川考公务员，无论什么职位，名声也好过在工厂车间。

金川无奈，拿起了久违的书本，他是工科生，行政能力测试复习起来不难，但申论材料阅读和写作让他十分头疼。没办法，为了幸福，他决定拼了。

02

第一次考公务员，金川成绩不好，没有进面试。他想放弃，可女朋友放出话来，什么时候考上公务员什么时候结婚。大闹了一场，他和女友分手了。平时器重金川的领导也话里话外批评他，要他踏实工作，不要好高骛远。

家里的父母也给他添堵，他们认为金川刚分手的那个女友的观点很对，一辈子在工厂有什么出息，还不如努力奋斗考个公务员，又稳定又体面。

很快，单位调金川到工作环境和条件都很差的分厂工作。同事们都开始窃窃私语，有人说这明显是领导给金川小鞋穿，还有人说这是个晋升的好机会，等"发配"回来，他的前途会不可限量……

最后，他选择了离去，开始去专职考公务员，并且给自己制定了一个五年计划，如果五年内考不上就彻底放弃。

金川的人生仿佛被诅咒了，陷入一个怪圈里不可自拔。一开始都很顺利，然后升职、加薪，体现自己的价值，获得上司的认可，到达一个波峰。紧接着就开始走下坡路，原本有利的因素突然变得不利，做什么都不顺，然后像坐滑梯一样向波谷滑去……

03

我问金川："你有在寒冬的街头独自等车的经历吗？"

金川说："当然有过。不止一次。"

"当时是什么感觉呢？"

"越是夜深，越是等不到车，但总觉得车快来了，心就在希望和失望之间徘徊着，挣扎着……"

"如果这时你看到有一辆黑车，你会坐吗？""会啊，人在那个时候特别盼望被解救，看到任何安慰都会紧紧抓住。"

"对，这就是你人生怪圈的答案。每当你遇到挫折时，你就特别盼望赶快结束低潮，就像溺水的人，双手胡乱抓，抓住什么都想拯救自己。也许你抓住的只是一根稻草，难堪拯救之重任，但你不觉得……你抓住了，暂时觉得安全了，麻痹了自己几年，等到你真正看清自己抓住的是一根稻草时，你又失望了。于是又开始重新选择。在下一次机会面前，你要先看清楚再伸手,不要那么盲目。而一旦抓住了,也别轻易丢掉,也许忍过一段寒冷,春天很快就来了。"

金川长久地陷入沉思,我的肺腑之言,不知道他听进去多少,但可以肯定的是,他再去抓取救命之物时,也许不会抓得那么仓促了吧。

有人宁愿不断地在仓皇的选择中度过,也不愿安静地努力一会儿,内心中总是期待一蹴而就的成功。世间没有一步到位的成功,所有的正确,只有不断地坚持和努力才能等到。

最想放弃的时候,往往也是最该坚持的时候,挺过这一时期,你要的光明也许在下一秒就会出现。

人生没什么不可放下

01

年少时，总认为错过就错过了，没什么好可惜的，人生路还很长，总能遇到更合适的人。当我们长大后，才发现最初遇到的那个人才最令我们心动。

有时候越是坚信的东西，反而越脆弱。看似牢不可破的感情，却可能因为一句话、一件事而发生改变。

一次听广播，一个叫笑笑的女孩，请主持人先放一首歌——《爱情怎么可以喊停》。

一曲终了，她开始讲述自己的故事：

她跟男友分手了，原因是听别人说他已经有了结婚的对象。她本来还有所怀疑，但他的妈妈给她发来了他与别的女生的合照。一怒之下，她连分手都没说就直接离开了家乡。

"你为什么不直接问他,也许是他母亲骗你的呢?"主持人问她。

"他有我朋友的电话,有我的QQ和微信,可我走之后,他一直都没有动静,我还能怎么说呢?一个人如果真的想联系你,还怕找不到吗?"

主持人沉默着,女孩突然哭了。

她说:"后来我才知道,他没有跟任何人在一起。我离开了以后,他就孤单了很久。"

"现在你都知道了,去跟他表明你的心意,说不定可以挽回这段感情。"

听到这话,她哭得更厉害了。

"来不及了,今天是他结婚的日子。"

这世上最快乐的事,你未娶,我未嫁,此时你我互相喜欢。

这世上最痛苦的事,你已娶,我未嫁,此时我仍爱你,而你却已经不再爱我了。

这世上最令人后悔的事,当初你认为做得最正确的事,到头来却是最荒唐的。

不要以为错了就错了,只要还能改过来就好。事实证明,有些错,一旦犯下,便永远不能更改。

笑笑说,当她知道他要结婚的时候,给他打了个电话,祝他新婚快乐。他礼貌地说了声谢谢,然后问她过得好不好。她不假思索地说:"我很好。"

她怕他知道自己过得不好,又要担心。他既然马上就要组建家庭,就不该再为别的女人分担忧愁。她决定把他当朋友,也许这会很难,但这么多年都熬过来了,也不差这一次。

电话挂了,可《爱情怎么可以喊停》的旋律还萦绕在我的脑海里。

02

忽然想起一清的故事。他的婚礼上,前任跑来大闹,让双方家长都很气恼。

一清是比我高两届的大学同学,他跟前任曾经也是爱得非你不嫁、非你不娶,最后也是因为这样或那样的原因分开了。前任一定是感到不甘心,才有了这场闹剧。

其实前任不是那种胡搅蛮缠的女孩,她很有主见,也很有智慧,只是爱情让她迷失了自我。也许她跟笑笑一样,都因为误会而放弃了喜欢的人,发现自己错的时候已经来不及,只想再努力地闯入对方的生命里。她认为,爱一个人就要千方百计地和他在一起。

这是很多人都会犯的错吧。你们曾经两小无猜,只要能令你感到高兴，他可以为你做任何事，哪怕去摘天上的星星。那时候你要多快乐，就有多快乐。

现在的你们，各有各的生活。你们偶尔也会联络，聊聊当下的热点。他会问你最近的状态，主动说他现在过得怎么样，只是不再与你分享他的喜怒哀乐。

你站在原地，以为凭借着曾经的美好，就能让现在的他回心转意，所以你重复着跟他讲述当初的点点滴滴——你们从相识到相知再到分手，如今你又是怎样后悔。他不会挂你电话，可也不会回应你的话题。

你把这当成是一种宠溺，却不知其实他是出于礼貌。因为曾经疼爱过你，所以不忍让你伤心。千万不要将这些误认为是爱的体现，他只是念着过去的情分罢了。

其实，很多人都曾有过这种心态，所以才迟迟不肯放手，总是陷入回忆里，与自己纠缠不休。就如同一清的前任，明明知道他都要结婚了，还偏要到婚礼上去闹。也许她是天真地以为，只要他愿意跟她走，她一定不再放手了。可结果呢？她让一个很美好的婚礼变成了一场闹剧。

现实终归是现实，它不可能出现小说里的情节。他不会跟前任走，更不会丢下他的新娘。他有他的责任，前任不为他考虑，他自然也不会再为她多想一分。这是公平的，虽然听起来很残酷。所以前任不仅没有得到她想要的幸福，反而连他最后的一丝关心都失去了。

如果前任不那么任性，或许在他心里始终会有一个角落为她保留，那里有她恬静的笑容，有她撒娇时的可爱，还有她受了委屈哭红了眼时的惹人疼惜。这些本是她留给他的最美好的回忆，而现在因为她的不甘心全都破灭了。

03

每个人都会认为自己是例外，直到最后看到不想要的结果。有时候，遗忘，是最好的解脱；有时候，沉默，却是最好的诉说。不要埋怨别人让你失望了，怪你自己期望太多。

我们经常说，你只有懂得爱自己，别人才会珍惜你。所以，我们做事总习惯按照自己的意愿来。喜欢，就大胆地去行动；想分手，就会决绝地离开；后悔，就尽情地去追逐。却忘记了，对方也有自己的思想，他们也会心痛，也会委屈，也会因为你的所作所为而改变。人必须要为自己的所作所为负责，既然当初你肯那样做，如今也别再为此而后悔。

给时间一点时间，那些过得去过不去的，都将过去。

总有一天你会明白，岁月带走恋情的同时，也教会了你如何成长和面对。原本你以为这辈子非他（她）不嫁（娶）的人，终有一天你也可以把他（她）当成普通的朋友来对待。就像加西亚·马尔克斯说的那样："即使最狂热、最坚贞的爱情，归根结底也不过是一种瞬息即逝的现实。"

过去也许永远难以忘怀，但一定要学会轻轻将它放下。

做一个沉默的低头赶路人

01

四年前,我参加入职培训,班上有个小个子的姑娘一直安静地坐在角落里。她很少发言,也极少表现,很多时候她只是听课,然后低头做笔记。她是唯一一个天天到图书馆报到的人。没有人会关注这个不起眼的女孩,其他二十四五岁的男生和女生都沉醉在初识朋友的兴奋中,然后成群结队地出去聚餐。

结业考试的时候,最高分获得者是她,连老师都说,这是一个意外的惊喜。她穿着职业装,淡然自若,但字字句句的演讲铿锵有力,让我们瞬间沦为她的观众,让我们自惭形秽。她演讲的最后一句话是:"我想,在梦想的路上,我会做一个低头的赶路人。"

年少的时候,我们总喜欢谈理想,因为还没有长大,觉得人生还有一条长长的路可以通向远方。假如有一天你去问年少的孩子，他们未来的理想是什么，他们很可能会告诉你：我要得诺贝尔奖，我要当联合国秘书长，我要当作家，我要成为飞行员……可年少的我们根本体会不了梦想的重量，只是随口一说，并没有真的为之努力。长大之后才发现，梦想还在嘴边，可梦想的一切早已灰飞烟灭。到最后，理想是该坚持还是该放下，成为一个无解之题。

现实总是残酷的，你坚持梦想都不一定能成功，更别提犹豫不决了。一切的犹豫不决和不知所措都是惰性使然。

02

有些人因为害怕失败便把梦想一头抛下，有些人的梦想如同海市蜃楼，永远美好又永远实现不了。

他们都是在梦中坚持了很久，在现实中却裹足不前。

几年前，我去看望一个北漂好友，她抽着烟告诉我，她想成为最好的音乐人。当时，我环顾她的房间，看到琴上有灰，曲谱都已有折皱，地上有一堆的烟蒂。连续五天，我每次去找她，她都在蒙头大睡。每次只在吃饭的间隙，她才生龙活虎地谈她的梦想——比如以后想签约某公司，以后想与某某合作。

时至今日，她依旧一无所长，有的只是越来越大的烟瘾和越来越发福的身材。她白天睡觉，晚上便去泡吧。她办了很多信用卡，债台高筑。她还是偶尔提及梦想，只是梦想依然清晰可见，路却越来越远。

有一首诗歌是这样写的：我不去想是否能够成功，既然选择了远方，便只顾风雨兼程。

在成功越来越具有不确定性的今天，我们看到偶然成功的同龄人，总会害怕被甩在身后，内心常常感到焦虑不安。梦想似乎近在咫尺又遥不可及。

我们害怕自己成为玻璃瓶里的苍蝇，看得到远方却飞不出去，以为前途一片光明，到最后却一无所获。在颠沛流离的生活面前，我们总想放弃脚下蹒跚的每一步，渴望一步便能跃上天堂。

可是，我们的梦想总是需要修炼的，只有稳步地推动它，才能一步一步地去实现它。即使我们为此付出了应有的努力，即使我们不知道哪一刻会成功，可是我们要懂得，如果不努力，成功的那一刻就永远不会来临。

03

我的表妹在剑桥大学读研究生时，有一天夜里给我发了一条微信：这里的图书馆是没有夜晚的，每个人都在低着头看书。

这里没有疲倦的皮囊,只有一双双盯着电脑做项目、写作业的眼睛。他们不分昼夜地面对着自己的空乏。

她去留学之前,还只是个小姑娘,那时她手机里下载的是流行歌曲,如今早就换成了一大段一大段的英文;她的博客上,不再是肤浅的自拍照和大篇大篇的心灵鸡汤文,而是那些与专业息息相关的资料和业外人士不认识的专业术语。

作家绿妖说过这样一段话:"我们虽不在同一个地方,却同样走过心灵的夜路。路遥远,青春被现实甩干脱水。大部分年轻人不再把梦想挂在嘴上,而是沉默地低着头大步走路,直到黎明的风吹到脸上。"

忽然想起小时候父亲对我说过的话:"浅薄的人说梦想的时候,踏实的人已经实现梦想了。"

父亲很少说话,有的只是低头赶路,他现在是一名还算知名的会计师,踏实如他,也难怪骄傲如他。

我只是不想让自己再孤单了

01

E小姐回国第五个月,在微信朋友圈发了一条让人看出一身鸡皮疙瘩的信息:"谁手上有优质单身男青年?赶快介绍给我,成了包一个月的饭,还包甜点。"

微信群里顿时炸开了锅,群员们摇身一变全都成了媒婆,急忙将身边所有没结婚的男同胞在脑中梳理一遍,恨不得立马介绍给E小姐。

没办法,谁让E小姐做饭的手艺堪比新东方的大厨,甜点更是做得美味又好看,比《破产姐妹》里Max做的小蛋糕还要诱人几分。

俗话说"重赏之下必有勇夫",没过几天E小姐就成功开始了相亲之旅,她给我们的谢礼是一大盒手工打造的布朗尼蛋糕。

我们一边瓜分美食,一边好奇地问:"你这回国没多久呢,怎么就急着找男朋友?"

她扬扬狭长的眉眼,叹一口气说:"之前在外面读书的时候不觉得,回来之后发现身边跟我差不多大的人基本上都有了伴儿,我怎能不着急呢。"

"被逼婚了?"我们问。

"没有……其实我父母挺开明的,从来不对我催婚。"她苦恼地摇摇头,"主要是自己觉得太孤单了,读书上学的时候是这样,背井离乡的时候也是这样。好不容易回来了,工作也稳定了,就是想找个男朋友做个伴儿。"

E小姐的苦衷,我能理解,毕竟谁不曾单身过呢?

02

"我只是不想让我再孤单了。"我想起她有一天在微信上说。

遇到有趣的事情,身边却没有一个能一起分享的人,渐渐地,你觉得所有事情都好无聊;做了一道美食,身边却没有一个能一起品尝的人,渐渐地,你失去了下厨的兴趣;发现一处美景,身边却没有一个能一起欣赏的人,渐渐地,你宁愿宅在家里也不愿独自出去漫步;碰到不开心的事,身边却没有一个能一起分担的人,渐渐地,负能量越积越多……

看着别人一双一对有说有笑，好像全世界的热闹都与你无关。你一个人去喝咖啡，一个人去吃火锅，一个人去看电影……随时随地都有一种落寞感。

为了宽慰E小姐，我插了句嘴："你可以叫我一起啊……"

她白了我一眼："你忙起来的时候还不是不理我，况且等你谈了恋爱结了婚，我还不是又成了一个人。所以啊，我现在已经不求什么真爱了，给我找个看得顺眼的男人就行了。"

不挑剔的E小姐，在约会了四五次之后就随男方去见了家长。那男人成熟、聪明，有气质，我们纷纷打趣E小姐命太好，明明没什么要求，随便挑选一个都是这么优秀的人。

E小姐带着甜蜜的微笑依偎在他的身边，一副安逸满足的样子，像找到了家的小鸟。

从这以后，E小姐拍摄的各种风景照中，总会多出一个人的身影；美食照中的餐具，也从一副变成了两双。

我们想，最怕孤单的E小姐，应该不会再一个人了吧。正是抱着这种想法，一年之后当我们听说E小姐主动提出分手的时候，都以为她是在开玩笑。

她烤了一大盘马卡龙来答谢各位兼职媒婆的大力支持，并且委婉地表达了自己回归单身的意愿。

我们中的一个姑娘，当初是最卖力的媒婆，她疑惑不解地问:"你不是说不想再孤单了吗,那男的不是挺好的吗,怎么说分就分了?"

"我们可是和平分手。"她认真地调制着招牌的 E 式鸡尾酒,"两个人的孤单比一个人冷清更可怕,我这可是亲身体会,未婚的姐妹们共勉啊。"

两个本不在同一个频道的人,所思所想往往有着极大的反差。你试图将你的喜怒哀乐告诉他,得到的回应却像打在棉花上的拳头一样无力,换不回一丝一毫的感同身受。

身边明明有了陪伴,空气中都不再是一个人冷落伶仃的味道,可是心中却被挖了更大的一个洞,不知道要用什么填满。

她自嘲地一笑,语气怏怏:"看来爱情这玩意儿,远没有传说中那么伟大。我注定要孤单一辈子了。"

03

很多时候,两个人面对面而坐,想要说些什么又不知如何开口的尴尬,远比形只影单来得更加难过。

明明是在聊天,你却比一个人不说话的时候更加不懂自己。明明是手牵着手逛着热热闹闹的街,你却莫名其妙地怀念起一个人时的安静空气。

人人生来皆孤独,本来就是再正常不过的状态。每个人都有自己的路要走，孤独并不是坏事，而是你与自己相处时最本真的状态。

只要你对自己充满热情，有自由，有爱好，有追求，有憧憬，有思索；走过不同的路，翻过不同的书，跟不同的人聊过天，想过不同的事，有过不同的心情，就是最佳的生活状态。

爱情这东西真的一点都不伟大，它不过是个傲娇、任性又不能强求的东西。

如果你愿意接纳或者追求某个人，就用同样的爱去回应，而不是想着用别人的岸停泊自己孤单的船。

如果你尚未等到这样的人来敲你的门，也还没有准备好去敲别人的门，那就先过好自己的生活。

你或许无法让自己不再孤单，却也可以让自己从不寂寞。就如作家刘瑜写过的那句"一个人要像一支队伍"，形只影单又如何？

愿这世界始终待你温柔如初

01

有段时间,我特别讨厌回到自己的住处。因为那时我一个人住,没有亲人和朋友的陪伴,总会感觉有些孤单。但无论我在外面游荡多久,夜深时终还是要回到那里。

有一次我去星巴克喝咖啡,旁边座位上的一个女孩正在打电话,好像是打给她远在外地的男朋友的。女孩全程都是眉开眼笑的,声音欢快甜美,不像很多异地恋情侣那样,通话时总带着几分幽怨。

最后,女孩以一句英文结束了通话:"*You are living there in a distant land, but I feel that you are so close, cause you are also here, right in my heart.*"(你虽然漂泊在异地,但我依然感到你离我很近,因为你一直都在我心里。)

手机放下后，女孩好像发现我在看她，转过头对我笑了笑。我也对她笑了笑。

"在和你男朋友打电话？"我突然对她很感兴趣。

"是啊。"女孩笑着说。

我们一边喝着咖啡，一边聊了起来。

原来女孩和男友是大学同学，本来准备毕业后就结婚的，没想到他们最后因工作去了不同的城市，相隔千里，见面不便，结婚的事也就这么耽搁了下来，两人开始了漫长的异地恋。

"你们不在一起，你不会觉得孤单吗？"我问。

"不会啊，虽然我们不在同一座城市，但我知道他在想着我，我也在想着他，我们的心是在一起的，所以我依然觉得他就在我身边。"女孩说道。

好乐观的一个女孩！

是啊，一个人独在异乡的时候，也会感到无依无靠，但想着远方还有人想着你，惦记着你，也就没那么孤单了。无论这个世界多么荒凉，总有人能驱走你的寒冷。

02

有一天，当这个世界不再美好，牵挂你的人离你而去，那些欢声笑语眨眼间沦为不可触碰的曾经，我们该怎么办呢？

闺蜜的老爸去世时，原本活泼开朗的她忽然像是变成了另一个人，沉默寡言，也不再与人来往。大约过了一年，她才渐渐好起来。

她跟我说起自己是如何走出那段悲痛的：

那是在一次整理房间时，她发现了老爸写的日记："我的乖女孩，无论何时，你都要勇敢坚强，无论发生什么事情，都要把生活过得很美好。"

看到这句话后，她抱着日记本大哭了一场，然后擦干眼泪，收拾心情，重回生活的轨道——她不想让爸爸失望，尽管他已经不在了。

对这件事，我感触颇深：无论你现在有多痛苦，无论这世界对你有多冷酷，爱你的人都希望你能够过得好。尽管有时候，他们已经永远离开了。

想想他们生前爱你的灿烂笑容吧！他们离开了，你可以难过，可以悲伤，却不能陷入其中难以自拔。

尽量保持你原有的模样吧！用你的乐观、勇往直前、自信与骄傲，来把日子过得更好，才是对他们最好的祭奠。

他们虽然不在了，但你的生活还要继续，你只有抬起头走下去，才能走出阴霾，重见阳光。你对生活微笑，生活才会对你微笑。

也许你正在某一个角落哭泣,但是请你不要太伤心,相信这一切都会过去。勇敢走出第一步,你就会知道,走出来没有想象中那么难。

悲痛到不能再悲痛的时候,心自然就会坚强起来。不论你是有亲人和朋友的陪伴,还是独自支撑,最终都会度过这段难熬的日子,只要你肯挺过来。

逛街的时候,碰到有人在做课题调查,在调查表上有道题:假如你明天醒来,发现自己失去了所有在乎的人,你会怎么办?

我在上面写道:痛痛快快地大哭一场,然后带着勇气与微笑继续前行。

03

和老同学聚餐,前一秒他还笑着跟我说今年要升职了,下一刻就变得沉默起来。

我问他:"怎么啦?"

他说:"你等等,我给你发张照片。"

过了一会儿,我收到一张五年前上学时拍的照片。照片里的她笑得甜美,正依偎在他肩上。之所以把时间记得如此清楚,是因为拍照片的人正是我。

他的声音有些哽咽："她要嫁人了。昨天晚上我还在梦里牵着她的手，一起逛她最喜欢的那条街，给她买最爱吃的巧克力……早上醒来嘴角都挂着笑，却突然收到她的结婚请柬，一切美好都成梦幻泡影。"

他并不是健谈的人，那天却跟我说了整整一天，句句都是关于她。人的记忆库如此庞大，那么多往事，他竟然每件都记得如此清楚。

这感觉如同你在看一部很温馨的电视剧，却忽然断了电，来电之后，你重新打开电视，电视剧已经结束。

只有失去了才最美好，只有得不到才最遗憾。

他长久地沉默着，许久之后忽然来了一句："换作是你，遇到一个对你好、愿意嫁给你的女人，你会毫不犹豫地娶了吗？哪怕是事业最紧张的时候？"

她曾经当着我们的面问他："我要嫁，你敢不敢娶？"

他们在一起整整五年，她对他的好，大家有目共睹。

她陪着他一起走过从无到有、从艰难到富裕的日子。她想要一个家，可他当时却一头扎进事业里，不愿意过早地成家。

只是没想到，那一次的拒绝竟然造成他们感情的终结。

我想也没想地回答他："如果我遇到那样一个人，一定会娶的。"

04

　　有时候人会变得很奇怪，脑子里装着乱七八糟的想法，做着连自己都觉得不可思议的事。明明不喜欢喝咖啡，可后来竟也迷上了这种苦香的味道。明明讨厌穿大红色的服饰，可后来衣柜里却也出现了大红的T恤衫、大红的裙子、大红的帽子，就连手链也变成了大红色。

　　这些变化，让你十分不解。曾经不喜欢的东西也可以变得很喜欢，曾经讨厌的东西也可以慢慢地去接受。变与不变，接受与排斥，往往只在一念之间。

　　原来要改变，并不需要多么煎熬的过程，只需要一个恰到好处的契机。

　　有段时间我经常做奇怪的梦，梦见自己走在一条辨不清方向的路上，来来回回走了很多遍，却依然找不到出口，我蹲在原地，急得都要哭了，挣扎着醒来，才发现那只是个梦而已。

　　有时我们觉得生活找不到方向，看不到出路，急得在原地徘徊，一度陷入走投无路的境地。其实那是我们将生活看得太重的缘故，要学会放下，或是把精力转移到你喜欢的事情上，没准哪天路突然就出现了。

　　事无绝对，你以为不可能的，或许未来就会发生。你不要着急，只要静静地等着柳暗花明就好。

当生活给你一百个理由哭泣时，你就拿一千个理由笑给它看。那些让你无法忍受的伤痛终会痊愈，你以为忘不了的人迟早也会被你遗忘，刻骨铭心的记忆总有一天会变得模糊不清。

一切都会好起来，愿这世界始终待你温柔如初。